魅力男人
品位修行书

蔡万刚 著

CHARM

沈阳出版发行集团
沈阳出版社

图书在版编目（CIP）数据

魅力男人品位修行书 / 蔡万刚著 . —沈阳：沈阳出版社，2018.10
ISBN 978-7-5441-9758-8

Ⅰ . ①魅… Ⅱ . ①蔡… Ⅲ . ①男性—成功心理—通俗读物 Ⅳ . ① B848.4-49

中国版本图书馆 CIP 数据核字（2018）第 217712 号

出版发行：沈阳出版发行集团｜沈阳出版社
（地址：沈阳市沈河区南翰林路10号 邮编：110011）

| 网 | 址：http://www.sycbs.com |
| 印 | 刷：北京溢漾印刷有限公司 |

幅面尺寸：170mm×240mm
印　　张：15
字　　数：205 千字
出版时间：2018 年 11 月第 1 版
印刷时间：2018 年 11 月第 1 次印刷
选题策划：张晓薇
责任编辑：杨敏成
封面设计：朱晓艳
版式设计：点石坊工作室
责任校对：张　晶
责任监印：杨　旭

书　　号：ISBN 978-7-5441-9758-8
定　　价：39.80 元

联系电话：024-24112447
E-mail：sy24112447@163.com

本书若有印装质量问题，影响阅读，请与出版社联系调换。

前言

现如今，剩女日益增多，据说，其中又以优秀女性居多。据这些优秀女性们说，她们之所以会剩下，主要是因为优秀的男士太少。从这个现象来看，剩女的增多，其实应该是男人的危机。

为什么优秀的男人会越来越少呢？多少还是与我们这个时代有关。

因为优秀，按照现行的标准来看，已经与过去的"好男人"标准相去甚远。现在定义一个男人优秀与否，绝不仅仅是"人帅、老实、能挣钱"这么简单。不可否认，"能挣钱"无论过去还是现在，都是一个必不可少的硬条件，即便你现在没有财富，也要具备创造财富的能力，毕竟，一个游手好闲、穷困潦倒的男人，谁也不会承认他是优秀的。然而，仅仅用金钱来衡量，也断然称不上优秀。

按照现代的标准来看，一个优秀的男人，起码要具备两个标志：一个是事业，包括财富的创造力，职场上的影响力、控制力和权利，这是男人能力与责任心的体现，不可或缺；另一个是品位，与金钱、地位不存在直接关系，反映出我们是怎样的人，决定我们是否有能力发展丰富坚实、令人满足的关系，兹事体大。

品位，是区别优秀男人与一般男人的本质所在。有品位的男人有着丰富的内涵，他们的品位，不是因为生活环境或是条件的优越，也不是霸气外露为所欲为，而是他本身内在的那种优秀品质，看似平凡却能脱俗，充满活力生机勃勃，富有胆识不断进取，心胸开阔豁达洒脱，格调高雅谈吐不凡，那是一种脱离了外在因素影响而举手投足间自然流露的特质。

当然，你不可能面面俱到，但只要你努力去追求，用今生去完善自己，相信，在不久的将来，你会变得与众不同。

本书写给愿意优秀的男人们，点中了我们时代许多男人的核心问题，告诉大家怎样做才是优秀的。从本书中，你将了解到，要想进入优秀男人的行列，就要从经营自己开始，发掘生命赋予男人的资本，创造男人一生用之不尽的财富，用阅历打磨自己，用智慧管理自己，纠正生命的痕迹，体现男人应该有的价值。

从现在起，你必须让自己成为一个有品位的男人，这是我们这个时代对男人们的基本要求。

Chapter 1 颜值
形象决定印象，好形象意味着极强吸引力

  大多数没魅力的男人之所以没魅力，是因为他们首先看起来不像有品位.再者，他们看起来就不想有品位；或者，他们根本就不知道什么是品位。我们不能帮别人看像，但我们自己看起来一定要像，这个世界一直是以貌取人的，包括我们自己。

没有好形象，男人就缺乏竞争力 / 2
你不能改变容貌，可以重塑形象 / 4
仪容就是一目了然的自我介绍 / 5
干净的男人才给人体面的感觉 / 10
量体裁衣，别触犯着装"潜规则" / 12
穿着打扮要彰显领袖气质 / 17
站有男人气势，坐有男人气派 / 19
微笑是两个人之间最短的距离 / 23

Chapter 2　志向
定位决定地位，抱负是男人成长壮大的萌芽

男人的魅力在于有自己的志向。志不先立，一生通是虚浮，浑浑噩噩，还谈什么品位？一个男人有什么样的志向，将决定他成为什么样的人，男人如果不立志，就会丧失前进的目标，从而碌碌终生。

每个男人都应该把自己活成一棵树 / 28
高品质生活是从选定方向开始的 / 29
男人不想平庸，就让想法进入高层 / 31
最初的大转换是摆脱定位的限制 / 34
望得足够远，才能站得足够高 / 36
唤醒野心，点燃你的强者气息 / 39
抗衡！男人的命运由自己决定 / 41
突破！从普通阶层到卓越阶层的转换 / 44

Chapter 3　韧性
心气决定运气，成功对坚韧不拔的男人青睐有加

眼前多少难甘事，自古男儿当自强。魅力男人最明显的标志，就是坚强的意志。意志力不够坚定，很容易被击败，被打垮。一个随随便便就会被打垮的男人，其他一切也无从谈起，也无须谈起。

目 录 >>> Contents

优秀的男人敢对自己下狠手 / 48
男人就算被毁灭，也不能被击倒 / 49
对男人来说，没什么是值得恐惧的 / 51
那种优柔寡断的男人毫无魅力 / 54
迎难而上，方显男儿铿锵本色 / 57
失败，是走上更高地位的开始 / 59
激发狼样血性，进入高段位人生 / 62
化屈辱为激励，在逆境中完成逆转 / 64
就算失利，也要带着胜者的姿态 / 66
在哪里跌倒，就在那里爬起来 / 68
拒不退场的男人让人肃然起敬 / 70

Chapter 4 豁达
气度决定深度，男人的心胸都是委屈撑大的

一个伟大的人有两颗心：一颗心流血，一颗心宽容。没有宽宏大量的心肠，就算不上真正的男人。男人要有云一样的胸怀，经得起风，容得下雨，能包容就多包容，能够承担的痛苦，就由自己来承担。

你一动怒，就先输给了自己 / 74
男人斤斤计较，没有人受得了 / 76
人的度量决定他的人生局面 / 77
打开心胸，胸怀宽广海阔天空 / 80
气度越大，你就越有感召力 / 81
成全别人，何尝不是成全自己 / 83
收服敌人才是对他最好的消灭 / 85

给对手祝福，彰显你的大家风度 / 87
原谅曾经背离你的那些人 / 89
有些痛，男人只能留给自己 / 92

Chapter 5　原则
底线决定上限，骄傲的灵魂自有他的生命和思想

一个没有原则的男人就像一艘没有舵和罗盘的船，他会随着风的变化而随时改变自己的方向，永远到达不了美丽的彼岸。每个男人都应该保持本色，坚守做人的原则，不忘我们做人之根本，这是男人在这个世上立足立身之基础所在。

没有原则的男人，不是男人 / 96
你本性中的魅力才最让人欣赏 / 98
男人，不能活在别人的意愿里 / 100
放弃顺从，才能够与众不同 / 101
男人的事情当然要自己做主 / 103
建议可以考虑，但别当成旨意 / 106
杀伐决断，该拍板时就拍板 / 109
别人越泼冷水，越要热气腾腾 / 111
从窄处开始，才会越走越宽阔 / 113
生命有了污点，就用灵魂去清洗 / 115

目录 >>> Contents

Chapter 6 低调
姿态决定人脉，低调的男人朋友遍布天下

低调是一种智慧，是一种良好的品格，同时也是一种处世的策略。任何人都不会对骄傲狂妄之人产生好印象，更不愿与他们交往，而一个懂得低调的男人，往往能够赢得人们的尊重，受到人们的欢迎，并构建起良好的人脉。

懂得内敛，生活才更安全 / 120
越有实力，越要随和可亲 / 122
和善远比愤怒更有征服力 / 124
姿态低调反而让你更加高贵 / 126
你可以表现，但别刺痛别人 / 128
没有架子往往更有领导力 / 130
在人之上，要视别人为平等人 / 132
放下面子，才会更有面子 / 134
降低姿态做人，拉开架势做事 / 137
有一种退让叫"以退为进" / 139

Chapter 7　涵养
修养决定气场，有权有钱有样都不如有修养

君子不可以不修身。男人的修养是一种意志的展现，一种态度的表达，一种行为的拷问，也是一种表情，一种神态，一种作风。身为男人，必须在个人修养上下一番功夫，让自己充斥着男人该有的品位。

脱离恶俗之气，做个雅男人 / 142
给自己装上一颗高贵的心 / 144
诚信是男人安身立命的资本 / 147
小事情才最能体现人的善良 / 150
你不尊重人，人不尊重你 / 153
具有责任感才能给人安全感 / 155
优雅的风度是一封长效的推荐信 / 157
有涵养的男人不会用争吵解决问题 / 160
不管你身份如何，有错最好认错 / 162

Chapter 8　谈吐
言值决定价值，巧男人用漂亮话闯天下

谈吐中的人格魅力，是指在语言交流中一个人的性格、气质、能力等的个性化表现。人格魅力在语言中的表现形式是多种多样的，或达观开朗，或宽容忍让，或微言大义，或

义正词严，或一言九鼎，或仪态万方。良好的谈吐能够充分展示出这些人格魅力，同时令人折服。

请用善意的心与这个世界对话 / 166
不良说话习惯，让你魅力大打折扣 / 168
多说温暖话，做个暖男人 / 170
语言真诚，最能达成情感共鸣 / 172
幽默是男人社交场上最漂亮的服饰 / 174
永远不要做拂人面子的蠢事 / 177
有品位的男人不拿别人隐私开玩笑 / 180
说话揭人短，等于当众打人脸 / 182

事业
职商决定成长，心智的成熟是职场成功的关键

事业是男人生存的基础。一个男人可以位不高权不重，可以不是亿万富翁，但是却不能没有自己的事业。事业，是男人价值的真正体现。男人有事业，才会有自信和魅力。

带着高尚心理，从事平凡工作 / 186
你越主动，就越受器重 / 188
聪明工作，不做低水平的努力 / 190
做有声员工，不做职场哑巴 / 192
向上营销，让老板高看一眼 / 194
有担当，给人可担大任的感觉 / 197
巧妙推销，抬高自己的身价 / 198

找到"卖点",树立竞争优势 / 201

乐于应酬,同事之间一团和气 / 203

就算你很出色,也别锋芒毕露 / 205

Chapter 10 超脱
心境决定处境,把自己活成一道独特的风景

有钱的男人不一定有品位,男人的品位在于生活中的一点一滴。有品位的男人并不在意奢华的享受,他的品位与金钱无关,他对事物有自己独特的见解,他的举手投足都能体现出一种与众不同、超凡脱俗的味道,他能使平淡的生活充满诗意,平凡的一生活得精彩。

生命的意义,不取决于财富与虚名 / 210

当你赢得财富时,不要得意忘形 / 212

与自己下棋,赢家总是自己 / 214

把欲望克制在一个合理的尺度上 / 216

真正的成功,是普济众生 / 219

保持婴儿一样清亮而坦然的眼神 / 221

学会放弃些什么,我们会得到更多 / 223

不纠结于完美,坦然面对人生的缺憾 / 226

Chapter 1
颜 值

形象决定印象，好形象意味着极强吸引力

大多数没魅力的男人之所以没魅力，是因为他们首先看起来不像有品位．再者，他们看起来就不想有品位；或者，他们根本就不知道什么是品位。我们不能帮别人看像，但我们自己看起来一定要像，这个世界一直是以貌取人的，包括我们自己。

没有好形象，男人就缺乏竞争力

一个形象随意，不修边幅甚至蓬头垢面的男人，在社会活动中、在与别人的交往中，个人魅力和交际效果一定会大打折扣，因为这是一种非常无礼的表现，对方会认定你并不重视他。

在社交界流传着"残酷的30秒"理论。阿尔伯特·梅拉比安教授在《无声的信息》一书中指出：能被人记住的个人形象，包括举止和外貌（55%），以及说话的声音（38%），均来自于人前30秒的接触。前30秒向人们展示你是谁，后30秒让别人决定是否接受你。

朱训从大学到职场，一直都留着长发，在他看来，留长发很有艺术家气质，然而正是这种"艺术家气质"，却使他遭遇了一次"滑铁卢"。

前不久，朱训去见一个联络很久的大客户，客户是位女性，长得非常漂亮，而且仪容整洁，举止不俗。刚一见面，客户看到朱训的长发眉头就轻轻皱了一下，但并没有说什么。

朱训卖尽力气和客户商谈，表现得还不错，但客户却始终不表态。面谈结束时，客户表示，这个项目要过几天再定，理由是她们公司还没有最终确定。朱训在心里嘀咕："昨天不是说好今天签合同的吗？谈得挺好的，怎么突然又变卦了呢？"但是碍于礼貌，朱训没有多问。

回到公司，朱训如实汇报，经理看了看朱训，沉思片刻，说道："我可能知道对方拒绝的原因。"

"是什么原因？老大。"朱训追问。

>>> **Chapter 1　颜值**
形象决定印象，好形象意味着极强吸引力

"因为你的长发让她失去了信任感。一般来说，在客户看来，男士留短发意味着成熟精干，而长发往往会给人随意懒散、任性另类的感觉，和这样的人合作，客户怎么会放心呢？再说，你看看自己，胡子都长出来了，头发这两天也没洗吧？我看都快能榨油了。就你这邋里邋遢的形象，怎么能得到人家美女客户的好感，所以她决定延期签合同，一点也不奇怪。"

朱训听了经理一席话，顿时醍醐灌顶。事后，他痛定思痛，为了自己的事业能有较大发展，忍痛减掉了自己留了多年的长发，留起了精干的短发。

没有好的形象，男人就缺乏竞争力，无论工作还是情感，莫不如是。形象良好的男人给人的印象就是在说"这是一个重要的人物，聪明、成功、可靠。大家可以尊敬、仰慕、信赖他，他自重，我们也尊重他。"

试想，一个衣冠不整、邋邋遢遢的人和一个装束典雅、整洁、利落的人在其他条件差不多的情况下，同去办一样的事情，谁的成功率高呢？世上早有"人靠衣装马靠鞍"之说，一个人若有一套好衣服配着，仿佛把自己的身价都提高了一个档次，而且在心理上和气势上增强了自己的信心。我们别怪世人"以貌取人"，人皆有眼，人皆有貌，形象出众者，谁不另眼相看呢？好形象不仅给人以好感，同时还直接反映出一个男人的修养、气质与情操，它往往能在别人尚未认识你或你的才华之前，向别人透露出你是何种人物。所以说，在这方面多下一点功夫，这会让你事半功倍的。

如果你天生一张胡子脸，那也没有办法，但至少你要给人一种你能打点好自己的印象。牙齿、皮肤、头发、指甲的状况和你的仪态都一一表明你的自尊程度。

你不能改变容貌，可以重塑形象

形象一如名片，没有它，你的自我展示就会大打折扣。事实上，所有气场强大的大企业家、行业领袖及政治家等等，其言行举止都是经过专门塑造的。

一个对形象注意有加的男人，往往会在人群中得到信任，更能在逆境中获得帮助，也必定能够在人生中不断找到成功的机会。事实上，他们是在用自己的形象、魅力影响着别人，最终成就了真正精彩的人生。

比尔·盖茨长相普通，但他深知形象的重要性，所以很注重自己的形象，他曾经请专家对自己的形象进行设计、包装与宣传。

有一次，他将要在拉斯维加斯发表演讲。但是，演讲并不是盖茨的长项。为了使自己以更好的形象出场，使自己的演讲产生更大的影响力与传播力，比尔·盖茨专门请来了演讲博士杰里·韦斯曼为自己的演讲做指导。

杰里·韦斯曼在演讲辅导方面是一位专家，经验非常丰富，曾经帮助几个电脑公司的高层经理克服对演讲的恐惧感。他从盖茨的演讲稿到手势、表情，都做了重新设计，他们在一起排练了12个小时。盖茨演讲时，熟悉盖茨的人都非常吃惊。只见盖茨一改往日懒散随意的形象，穿了一套昂贵的黑西服。他那尖锐的嗓音虽然无法改变，但丝毫没有影响到他的演讲。结果，这场主题为"信息在你的指尖上"的演讲传遍美国，获得了巨大的成功，而盖茨的形象魅力值也迅速得到提升。

>>> Chapter 1　颜值
形象决定印象，好形象意味着极强吸引力

在西方流传这样一句名言"你可以先将自己打扮成那个样子，直到自己成为那个样子"。使自己看起来更像个成功者，这更有助于你打开事业之门，让你在人群中脱颖而出，吸引无数的目光。例如：在选举时，若是你"像个领导"，人们因此会更愿意投你一票；晋升时，若是你"像个主管"，你更容易得到老板及同事的认可；商业往来中，若是你"像个成功商人"，对方会更愿意相信你的公司，也愿意与你洽谈贸易。

英国著名学者尼克森表示："人们常用三个词汇描述成功者：性格、能力、形象。这是因为人们已在潜意识中为成功者做好定义，而当今的管理界刻意回避对成功者外在形象的研究，这是背离现代管理思想的"。志在成功的男人，倘若只专注于能力，却忽视形象，其成功速度必受影响。

当然，形象并不单单是指穿衣、外表、长相、发型、化妆等，它是一个综合概念，是一个人外在魅力与内在魅力的整体体现；形象并不局限于英俊的面孔，健硕的身材，迷人的微笑，更包括人生思想、追求抱负、价值观、人生观等等。从某种意义上说，塑造形象就是与社会进行沟通，并为社会所接受的一种方式。

仪容就是一目了然的自我介绍

一些男人认为，男人穿着时尚一点无可厚非，但如果去修饰仪容就有点太女子气了。这其实是一种该摈弃的过时的法，成功的妆扮会使男人看上去干净精神，让别人看着也舒服，因此，男人修饰仪容也并无不可。

成功、健康、有魅力的男人应该具有以下特征：

1. 多洒男人香

电影《闻香识女人》中，艾尔·帕西诺凭着女人身上的香水气味，虽然双目失明，竟也能道出对方的外形，甚至头发、眼睛以及嘴唇的细节，仿佛男人对香水特别的敏感，会被女人深深迷倒。

遗憾的是，只有少部分男人能够清楚地分辨香水味，相反女人却是香水的敏感者，她们拥有细致的嗅觉，从原始的本能上是个彻底的侦探专家。

(1) 适当地使用男性香水

香水对提高男人的形象会有意想不到的作用，但男人如果使用的香水不恰当，将会给人留下不好的印象，所以，男人要选择一种适合自己体味的香水，而不要总是受广告的影响。

男人很可能对各类香水不是非常熟悉，但也许曾经试用过其中几种，并发现了自己特别钟爱的香水品牌。但身为男人的你是否知道其他人对它如何评价？不适当的香水会给你的同事传递错误的信息。

一般说来，适合于办公场合用的修面液和香水应该是清幽而又淡薄的，并且应该有一种清爽的味道。所以，当男人决定购买某种香水前最好是先试用一下，如果仍然拿不定主意，那就请别人帮你出谋划策。

尽管如此，为了保险起见，男人不要在出席重要的会议前试用新的香水，以免招致别人的反感。其实正如我们大家都知道的，没有什么味道比刚洗完澡后新鲜、净爽的气味更无懈可击。所以，即便是一块好的肥皂也能够使男人留下足够美好的香味，使周围的人感到愉快。

(2) 洁白男人齿

恋爱中的男女，如果能拥有健康的牙齿与清新的口气，那么他们肯定能享受纯洁并且热烈的爱之吻。如果一个男性，五官不算太英俊，但他有一个灿烂笑容和一口整洁的牙齿，那么他也会打动女士的芳心，而且无论男或女，只有牙齿整齐清洁，才能尽情去恋爱，否则口中的气味会吓倒对方。

2. 牙齿的保洁

对一个男人来说，保持你的牙齿和齿龈健康是你在每日的妆饰中要优先考虑的事宜。你每天必须刷三次牙，尤其是在午餐后。很多男人在下午都有着令人反感的口臭就是由于他们没有及时刷牙，像大蒜、咖喱、乳酪、鱼、酒、咖啡等都是导致口臭的最重要原因。男人在刷牙后，每天至少一次用木棉清理牙齿，以保证你确实刷除了所有牙刷刷不到的食物残渣；同时，这也能帮助你保持牙龈的牢固，并使牙龈保持健康的粉红色。

男人或许对自己的牙齿都不太在意。其实每个男人每年至少要拜访三次牙科的卫生专家。以便对自己的牙齿进行专业性的清洗和刷亮处理。

3. 健康男人色

都市中的男人脸色苍白，他肯定羡慕那些有机会度假把皮肤晒成黝黑色的人们，不过晒太阳易引起色斑、皱纹、灼伤等老化现象，男性要避免太阳下的暴晒，即使是日光浴也要选择阳光较弱的早上十点以前、下午四点以后。

你具有以上三种魅力男人的特征吗？没有的话，你就要多努力了：

(1) 精心修饰面部

男人应该精心维护自己的皮肤。每天需要对自己的脸进行清洗、着色和湿润两次，以去除积累在脸上的灰尘和污垢。这里给男人提供如下的参考意见：

①最好选择温和的泡沫型洗面液，它在温水中会起泡沫，可以帮助男人洗除尘垢和汗水。作为一个男人，特别要注意清洗两颊、鼻子和前额，这些地方通常会像胡须一样不易洗净。

②刮完胡子后，用一种柔和的没有酒精成分的增色液／粉底来洗除遗

留在你脸上的修面液和洗面液。

③用一种没有香料的、含有UVA和UVB防晒成分的保湿液来湿润你的皮肤，就像在混浊的空气中把你的皮肤密封起来一样。保湿液在3至5分钟内就会被皮肤吸收。如果身为男人的你以前从未使用过保湿液，那就记住，用少量的保湿液就能使你的皮肤保持长时间的湿润。保湿液就像覆盖在你皮肤表面的一层极薄的面膜。假如你让保湿液充分发挥作用的话，你的皮肤将能更高效吸收保湿营养。

如果你的面色暗沉，那就考虑一下你的饮食。食用更多生的、未加工过的蔬菜和新鲜水果，另外每日饮用一升苏打水会使你的皮肤在短期内有非常明显的改善。任何能使你大量排汗的方式都有助于对皮肤毛孔的深层清洗，你的皮肤也会比人为的或日晒的棕褐色皮肤更加容光焕发。

(2) 眉毛的修饰

如果一个男人的眉毛非常浓密，那么将其浓密程度控制在一定的程度以下才会使自己的形象更加美好。

另外，如果男人的眉毛延伸得太长，或者杂乱，就应该考虑修剪一下。修剪的目的在于既能保持双眉的丰满，又能最大限度地改变眉毛存在的缺陷——多余的毛或不规则的形状。身为男人的你可以模仿女人通常所做的，用一把精巧的梳子和一把锋利的剪子修眉；如果你自己不精于此道，这也没有关系，一名优秀的理发师或美发师都会十分乐意在你需要的时候为你提供这项服务的。

(3) 外露的鼻毛和耳毛的修剪

当身为男人的你看到这个标题时心里是不是腻烦？事实上，外露的鼻毛和耳毛非常让人厌烦。这个问题在男人步入中年后变得尤为明显，也许你现在就有这样的烦恼，那么就买一把修剪鼻毛的专用剪刀，并学着自己修剪，因为修剪鼻毛并不是美发师和理发师的工作。

作为男人，我们或许会注意修饰自己的面孔，但绝不会太关心自己的耳朵。假如你的耳朵上长了"绒毛"。它们也许并不会烦扰你，因为这不在你的视线范围内，但在别人看来就不那么雅观了，甚至会感到恶心。彻底地清洗一下你的耳朵，再让你的妻子或你的母亲用精巧的剪刀来帮你修剪。

(4) 胡须的修理

生活中，有一些长有络腮胡子的男人，无论他们如何勤于修刮，他们的下颌总没有那些胡须相对少的男士看上去干净。

其实，有修饰常识的男人通常会选穿白色或粉红色衬衫，这可以将络腮胡子的影响减少到最低限度，而蓝色衬衫只会把络腮胡子衬托得更为明显。

勤于修面的男人必然有更多的机会得到更好的工作，而他们在工作中也能更为广泛、更容易地被他人接纳。日常生活中，人们一般对蓄须的男人没有好感。

如果你很有权威或是位德高望重的男人，而你有喜欢或有蓄须的习惯。那么你就没有必要刮掉你心爱的胡子，不必理会那些不问实际情况总是反对蓄须的人的指手画脚。即使如此，身为男人的你仍然不可忘记经常对它们进行修剪，特别是要把脖子上的"胡须"修理干净，并把胡须的范围限制在你的下巴上。但是，如果你的胡须长得稀疏而又不均匀，那么你最好将它们修刮干净，免得给人别扭的感觉。

(5) 脸部痣的处理

男人的脸越洁净，给人的视感就越好。如果男人的脸上长了肉疣或痣，这肯定会影响到自己的形象，你可以采取医疗手段将它们去除。咨询一下医生，他会给你开一些治疗肉疣和痣的洗液或软膏，或介绍你去医院对它们做外科切除手术。例外的情况是，有的痣被普遍认为是"漂亮的标志"，这并不是因为它们的漂亮，而是因为它们长得小巧，也没有长得太出格。在这种情况下，你就让它留在那儿。既然它的存在对你有好处，你何必将它去除呢?

总之,你要明白,妆饰并非女人的专利,男人也应该精心修饰自己。而且男人的妆饰并不用花费太多时间,但你却会因此让自己精神百倍。

干净的男人才给人体面的感觉

一些男人虽然很注意自己的衣着打扮,但却常常忽略了一些卫生细节。因此,尽管他们衣着得体,脸上挂着灿烂的微笑,但仍然被人视为是不礼貌的。由此可见,养成良好的卫生习惯也是非常重要的。发生在推销员陈诚身上的事情,就很好地说明了这一点。

陈诚是一家日化用品推销员。有一次,他赶去某位夫人家里做产品演示,去的时候陈诚充满自信,因为这位夫人是一个老客户介绍的,而且对陈诚公司的产品颇有兴趣,但是不到半个小时,陈诚就垂头丧气地从那位夫人家中出来了。因为他犯了一个错误。当他做演示时,发现自己右手的指甲缝里沾了不少油污——可能是做家务时留下的痕迹。这些平时不太引人注目的油污,此刻却变得格外刺眼,他感到那位夫人一直在盯着她这只手,于是他只好手忙脚乱地做完了演示,结果不言自明,那位夫人婉转地拒绝了推销,而最让陈诚难过的是对方看他的眼神,那分明是在告诉他:"你不是一个合格的推销员"。

由此可见,不修边幅、不注重个人卫生就会给别人留下恶劣的印象,直接影响我们的社会活动,甚至导致事业的最终失败。所以,注意卫生细节对于男人而言,是非常必要的。

>>> **Chapter 1　颜值**
形象决定印象，好形象意味着极强吸引力

我们应该时常自测一下，头发是否有讨厌的头屑？当你穿着深色的衣服时，那些白色的头屑是很恶心的。经常洗头，确保自己的头发看起来是健康亮泽的。

眼睛。如果刚刚睡醒，一定好好洗洗脸，特别注意自己的眼角，不要留下昨晚的痕迹。更不要等到你的客户提醒你："你的眼角有东西。"

口气。无论男女，就算不能呼气如兰，至少应该保证没有异样的气味。一口的臭气或大蒜味会让你的客户避你如瘟疫。你可以自己用手轻捂住嘴，张嘴吐气试试看看，有没有其他味道，见客户前，可嚼些口香糖，既清新口气，又清洁牙齿。

颈部。这是另一个容易忽略的地方。请你对照镜子仔细看看，或者请亲近的人帮你看看，你的颈部，尤其是后颈和耳后的位置是不是和脸一个颜色。略黑？那你就应该反省自己洗脸的方式了。洗脸的时候记住顺便洗洗脖子，当然如果你天天洗澡，那实在是一个好习惯，你也不需要担心这个了。

注意手指甲。不要把自己那双指甲里全是污垢的手放在客户面前。那只能告诉你的客户你有多么不讲卫生。

最后，请确认自己的身上没有令人不愉快的味道散发出来。一定要养成勤换内衣裤的习惯，可怕的气味有时候会从里面散发出来，那实在是太尴尬了。如果发现有的话，就赶快换衣服、洗澡，然后用点香水或者香体液。千万不要直接用香水，难闻的体味和香水一旦混合，那是更加可怕的事情。试想，当对方面对着一个浑身散发着臭气的交际对象时，他心中会做何感想？他一定是避之唯恐不及。所以一定要常洗澡，保持身体的干净无异味。更应注意的是腋臭。有腋臭的人本身并没有错，他们也有权利和别人一样进行社会活动。但不幸的是，他的腋臭可能会给别人带来不愉快的感觉。

其实对于个人卫生的注意，再多也不过分，男人，一定要养成良好的卫生习惯，这样才能获得别人的信任和好感。

量体裁衣，别触犯着装"潜规则"

男人的着装如果有问题，不仅自己尴尬，还会引起别人的侧目，导致社交障碍。着装问题主要体现在不符合年龄特点、不合体，与当时的社交场合不相宜、搭配错误等，这里仅就经常出现问题的着装常识作一下介绍。

与你工作环境不相适应的着装可能是叛逆的标志。一家公司有位年轻、帅气的职员，自从他开始与女摇滚乐手约会以后，便逐渐改变了庄重的穿衣风格，为的是在下班后会女友时不必再换衣服。而不幸的是，正当他在事业上渐具竞争力时，却破坏了自己的职业形象。无疑，他的优势地位也伴随着她的职业形象一起消失了。

公然违背着装规则会被视为对权威的挑战。譬如，男人经常敞着衬衫领口，穿运动夹克衫，给人留下的印象可能都是："我对工作不严肃。"不过，即使是办公楼里着装最佳人士也要避免给人留下仅仅对衣服感兴趣的印象。

要以着装向人传达这样的信息为原则："我属于这里"，"我有独特的判断力和高雅的品位"。

一套服装是否适合你所处的环境受许多因素的影响：你的工作性质，你居住的地区，气候以及特定的场合。

>>> **Chapter 1　颜值**
形象决定印象，好形象意味着极强吸引力

很自然，衣着是否合适主要决定于你的工作性质。常与别人打交道的工作一般需要着装更加职业化一些。与广告、软件开发或娱乐业人员相比，领导者应该选择较为保守的服装。你穿的衣服应让你安全自如地完成工作中的各种活动。

在许多情况下，当地的气候决定着服装是否合适。衣服的面料要符合天气的情况，如果你在深圳温暖的冬天穿着厚厚的羊皮夹克，人们就会认为你连一些基本的常识都不懂。气候不仅影响服装的选择，还影响着鞋和外衣。

环境和场合对衣着也起着决定性的影响。比如，如果你在星期六下午盘点时穿西服就显得有点儿不合适了。一家财务公司的合伙人清楚地记得，有一天他穿了一双带有流苏的鞋去办公室。路上不断有人问他，"你要去打高尔夫球吗？"

衣服上的饰物和其他细节也要与你的职位相称。有一位刚提升为管理人员的工程师穿着背带裤，系着一条领带，还配了块手帕。他的领带和手帕图案虽不完全相同，但是很相配。

不论是去适应一个新的工作环境，还是迁居到一个陌生的地区，你都可以从周围的人们那里获得着装是否合适的提示。

就颜色的搭配而言。服装的色彩在人际知觉中是最领先、最敏感的。在人们认知能力、审美意识以及服装文化的发展过程中，各种不同的色彩被赋予了许多社会含义，人们对色彩的情感、礼仪等心理效应有了共同的认识，并通过教育、传统习惯等方式代代相传。青年人只有按照这种共同的认识标准去选择适当的色彩认同和搭配方式，才能适应和满足公众的审美要求，才算符合着装的礼仪标准。

不同的色彩有不同的象征意义。

红色：象征兴奋、热情、快乐。在感觉上给人以十分强烈的刺激作用，显示着浪漫、活泼与热烈。因此，红色的服装更显朝气和青春活力。

黄色：象征华贵、明快。但它是一种过渡色，能使兴奋的人更兴奋，活跃的人更活跃；同时也能使焦虑和抑郁的情绪更糟糕。

蓝色：象征宁静、智慧和深远。是一种比较柔和的颜色，它能使人联想到天空和海洋，给人以高远、深邃的感觉。

橙色：象征活力与温暖。是一种明快、富丽的色彩，能引起人的兴奋与欲求，使人联想到阳光。

绿色：象征生命与和平。是一种清爽宁静的色彩，能使人想到青春、活力与朝气。所以，着绿色装显得年轻和富有朝气。

黑色：既可象征深刻、沉着、庄重与高雅，也可以代表哀伤、恐怖、黯淡与恫吓，是一种庄重、肃穆的色彩。它能使人们产生凝重、威严、阴森等不同感觉。

紫色：象征高贵和财富，给人以富丽堂皇、高雅脱俗的感觉，是一种华贵、充盈的色彩。

白色：象征纯洁、高尚、坦荡。是一种纯净、祥和、朴实的色彩，给人以明快、无华的感觉。

灰色：象征朴实、庄重、大方和可靠。是一种柔弱、平和的色彩，给人以平易、脱俗、大方的感觉。

选择服装颜色要注意：

①选择服装时不但要注意服装颜色的内涵，更要注意服装颜色搭配的协调。

②色彩要与体型协调。体胖者宜深不宜浅，体瘦者则相反，宜浅不宜深。

③色彩要与肤色协调。肤色苍白者，宜选暖色调；肤色较黑者，宜选柔和明快的中性色调。

色彩要与个性协调。热情活泼者宜选浓艳的活跃的色系；内向文静的才可以选温雅平和的色系；老成稳重者则首选蓝灰基调的色彩。

④色彩要与环境协调。衣色与所处的自然环境、社会环境都要协调。比如参加葬礼时不可着大红大紫之类艳色服装等。

就西装的穿法而言。男士在穿着西装时，不能不对其具体的穿法倍加重视。

根据西装礼仪的基本要求，男士在穿西装时，要特别注意以下七个方面：

(1) 要拆除衣袖上的商标

在西装上衣左边袖子上的袖口处，通常会缝有一块商标。有时，那里还同时缝有一块纯羊毛标志。在正式穿西装之前，一定将它们先行拆除。

(2) 要熨烫平整

欲使一套穿在自己身上的西装看上去美观而大方，就要使其显得平整而挺括，线条笔直。要做到这点，除了要定期对西装进行干洗外，还要在每次正式穿着前，对其进行认真的熨烫。

(3) 要系好纽扣

穿西装时，上衣、背心与裤子的纽扣，都有一定的系法。在三者之中，又以上衣纽扣的系法讲究最多。一般而言，站立之时，特别是在大庭广众之前起身站立时，西装上衣的纽扣应当系上，以示郑重其事。就座之后，西装上衣的纽扣则要解开，以防其走样。当西装内穿背心或羊毛衫，外穿单排扣上衣时，才允许站立之际不系上衣的纽扣。

通常系单排两粒扣式的西装上衣的纽扣时，讲究"扣上不扣下"，即只系上边那粒纽扣。系单排三粒扣式的西装上衣的纽扣时，正确的做法则有二：要么只系中间那粒纽扣，要么系上面那两粒纽扣。而系双排扣西装上衣的纽扣时，则可以系上的纽扣一律都要系上。

穿西装背心，不论是将其单独穿着，还是穿着它同西装上衣配套，都要认真地系上纽扣。在一般情况下，西装背心只能与单排扣西装上衣配套。它的纽扣数目有多有少，但大体上可被分作单排扣式与双排扣式两种。根据西装的着装惯例，单排扣式西装背心的最下面的那粒纽扣应当不系，而双排式西装背心的全部纽扣则必须无一例外地统统系上。

目前，在西裤的裤门上"把关"的，有的是纽扣，有的则是拉锁。一般认为，前者较为正统，后者则使用起来更加方便。不管穿着何种方式"关门"的西裤，都要时刻提醒自己，将纽扣全部系上，或是将拉锁认真拉好。西裤上的挂钩，亦应挂好。

(4) 要不卷不挽

穿西装时，一定要悉心呵护其原状。在公共场所里，无论如何，都不可以将西装上衣的衣袖挽上去。否则，极易给人以粗俗之感。在一般情况下，随意卷起西裤的裤管，也是一种不符合礼仪的表现。

(5) 要慎穿毛衫

要打算将一套西装穿得有"型"有"味"，那么除了衬衫之外，在西装上衣之内，最好就不要再穿其他任何衣物。在冬季寒冷难忍时，只宜暂作变通，穿上一件薄型"V"领的单色羊毛衫或羊绒衫。这样既不会显得过于花哨，也不会妨碍自己打领带。不要去穿色彩、图案十分繁杂的羊毛衫或羊绒衫；也不要穿扣式的开领羊毛衫或羊绒衫，否则会使西装鼓涨不堪，变形走样。

(6) 要巧配

西装的标准穿法是衬衫之内不穿棉纺或毛织的背心、内衣。至于不穿衬衫，而以T恤衫直接与西装配套的穿法，则更是不符合规范的。

(7) 口袋内要少装东西

为保证西装在外观上不走样，就应当在西装的口袋里少装东西，或者不装东西。对待上衣、背心和裤子均应如此。具体而言，在西装上，不同的口袋发挥着各不相同的作用。在西装上衣上，左侧的外胸袋除可以插入一块用以装饰的真丝手帕外，不准再放其他任何东西，尤其不应当别钢笔、挂眼镜。内侧的胸袋，可用来别钢笔、放钱夹或名片夹，但不要放过大过厚的东西或无用之物。外侧下方的两只口袋，原则上以不放任何东西为佳，在西装背心上，口袋多具装饰功能。除可以放置怀表外，不宜再放别的东西。

在西装的裤子上，两只侧面的口袋只能放纸巾、钥匙包或者碎银包。其后侧的两只口袋，则大都不放任何东西。

穿着打扮要彰显领袖气质

有人曾认真研究衣着对人成功的影响。研究所得到的结果非常惊人。他根据这项结果所写成的一本书《迈向成功的衣着》成为全美国的畅销书。作者约翰·莫洛依的研究显示，你的穿着是否适合你的职业身份，对成功有着莫大的影响。

不过，你应该明白，你是哪类工作的领导者，以及你所领导的是哪类人，为了发挥最大的成功效果，你就应该有不同的衣着。假若你在牧场上穿着整齐的西装，在别人眼中你不会有任何领袖气质。

同时，衣着的方式应注意到要能建立起一个特别的领导者形象。

军队对这一点早就注意到了。将领们通常设计自己的制服，以凸显他们想建立的形象。

蒙哥马利元帅以他的"贝雷帽"著名。他在这种扁软羊毛质料的小帽上，缀上他指挥的主要单位的队徽，还随时穿着一件套头衬衫。他树立了一个随便、舒适的形象，哪怕是在战争最激烈之际。官兵只要见到一位头上戴着软帽缀满队徽，穿着一件套头衬衫的人，立刻知道是他们的司令官来了。

巴顿也非常相信仪表的重要。他特殊的穿着包括一顶闪亮的头盔，臀部两边各挂一把手枪，甚至在战场上还系着领带，他的官兵也是老远就认得出他来。

艾森豪威尔穿着一件自己设计的短夹克，最后整个美国陆军都采用这种夹克，而且名字就叫"艾克夹克"。

麦克阿瑟也建立了一个特殊形象。在第一次世界大战中，他还只是一个年轻的上校，他的制服就与众不同。他不戴钢盔，也不佩带手枪，他的理由是："钢盔会伤害我的头，降低领导效率。我所以不佩带枪，乃是因为我的任务不是打枪，而是指挥"。在第二次世界大战中，他不打领带的制服，金边帽子，大烟斗和太阳眼镜，也都成为他著名的神秘象征。

很多其他的军中将领也讲求所穿军服与众不同。有的虽然穿着制式军装，但是经过特别剪裁，质料也比制式的要好。有些指挥官喜欢执一根装饰用的棒子，可以视为美国式的元帅指挥棒。

西点军校军事建筑系主任特纳尔上校，即使在教室上课时也穿着一套迷彩服。特纳尔以前担任过美国空军空降兵学校校长。他是位猛虎型的领导者，团体无论做任何事，他都会亲自参与。学生们都将他看成能在水面上行走的奇人。

>>> **Chapter 1 颜值**
形象决定印象，好形象意味着极强吸引力

美军陆战队司令、四星上将盖瑞也喜欢穿迷彩服——甚至到国防部就职后还穿。他是唯一穿迷彩服的司令。你一眼就会看出他来，他的迷彩服似乎在告诉你："我是一名战士，我的任务就是作战"。

你不必要穿迷彩服，但假若你想表现出领袖气质，你就得花费点时间来塑造自己的形象，根据你想成为哪种领导者而决定你的穿着。

就像约瑟夫·朱伯特说的那样："一位服装整齐的士兵，乃是自重的表现。他显示出更能控制自己，而使敌人更为恐惧。因为良好的外表本身就是一种力量。"

合适的衣着、优雅的举止，不仅能给人以好感，显示出自己对他人的尊重，更能显示出自身的修养，展现出自身魅力，能让别人感受到你作为一个领导的气魄。

站有男人气势，坐有男人气派

俗话说"站有站相，坐有坐相"，实际上在社交场合，这也正是个人风度的一种表现。

（1）社交场合坐的姿势不能忽视

坐时首先要注意自己的身高与桌子和椅子的配合是否协调，愈坐得长久愈要保持脊柱正直姿势的习惯，让自己的精神始终保持振作。

注意不要把椅面坐满，但也不要为了表示谦虚，故意坐在边沿上。坐势的深浅应根据腿的长短和椅子的高矮来决定，一般应坐满椅面的三分之二。最适当的位置，是两腿着地，膝盖成直角。与人交谈时，身子要适当前倾，不要一坐下来就全身靠在椅背上，显得体态松弛，也不礼貌。坐沙发时，因座位较低，更要注意两只脚摆放的姿势，双脚侧放或稍加叠放较为合适。不要一直前伸，要控制住自己的身体，否则身子下滑形成斜身躺埋在沙发里，显得懒散。更不宜把头仰到沙发背后去，把小腹挺起来。这种坐相显得很放肆，极不雅观。

入座时，要走到座位前再转身，转身后右脚向后退半步，然后轻稳地坐下。

在与人交谈时，不要将脚跨在椅子或沙发扶手上或架在茶几上，也不能以手掌支撑着下巴。有些人甚至不拘小节，干脆坐在写字台或椅背上与人交谈，认为只有这样才能与人拉近距离，殊不知这会毁掉你温文尔雅的风度。

坐在椅子上同左方或右方客人谈话时不要只扭头，这时可以侧坐，上体与腿同时协调地转向客人一侧。

坐时，不可以将大腿并拢，小腿分开，或双手放在臀下，腿脚不停地抖动，脚尖相对。这些有失风度的举止均应避免。

正确的坐姿对坐的要求是"坐如钟"，即坐相要像钟那样端正。除此还要注意坐姿的娴雅自如。其基本要领是：上体自然坐直，两腿自然弯曲，正放或侧放，双脚平落地上并拢或交叠，双膝自然收拢，臀部坐在椅面的中央，两手分别放在膝上，双目平视，下颌微收，面带微笑。

端坐时间过长，会使人感觉疲劳，这时可变换为左侧坐或右侧坐。无论是哪一种坐法，都应以端庄自如的坐姿来达到尊重别人的目的，给别人以美的视觉感受。

(2)良好的站姿能衬托出美好的气质和风度

站姿的基本要求是挺直、舒展,站得直,立得正,棱角分明,线条优美,精神焕发。其具体要求如下:

头要正,头顶要平,双目平视,微收下颏,面带微笑,动作要平和自然;脖颈挺拔,双肩舒展,保持水平并稍微下沉;两臂自然下垂,手指自然弯曲;身躯直立,身体重心在两脚之间:挺胸、收腹、立腰,臀部肌肉收紧,重心有向上升的感觉;双腿直立,两脚间可稍分开点儿距离,但不宜超过肩宽。

以上是基本的站姿,工作中可在此基础上进行调整。

男士工作中的站姿,双脚平行,也可调整成"V"字形,双手下垂于身体两侧,也可以将手放在背后,贴在臀部。

需要强调的是,在工作中站姿一定要合乎规范,特别是在隆重的场合下,站立一定要严格按照要求做。站累时,单腿可以后撤半步,身体重心可前后移动,但双腿必须保持直立。

站姿是体态中最基础的训练,站姿如何将直接影响人体姿态的整体美。因此,站姿训练必须要有明确的训练内容、要求及训练步骤,才能达到训练的目的。

站姿训练的内容、要求

①训练站立时身体重心的位置或重心的调整,使身体正直,中心平衡,并能自然改变站立的姿势。

②训练两脚位置与两脚间的距离,并与手的位置和谐一致,使整个身体协调、自然。

③训练挺胸、收腹、立腰、收臀、身体重心上升,使躯体挺拔、向上。

④训练站立时的面部表情,心情愉悦、精神饱满,通体充满活力,并

能给人以感染力。

⑤训练站立的耐久性，能适应较长时间站立工作的需要。

站姿训练的方法

①顶书训练。把书本放在头顶中心，为使书不掉下来，头、躯体自然会保持平稳，否则书本将滑落下来。这种训练方法可以纠正低头、仰脸、头歪、头晃及左顾右盼的毛病。

②对镜训练。每人面对镜面，检查自己的站姿及整体形象，看是否歪头、斜肩、含胸、驼背、弯腿等，发现问题及时调整。

站姿训练每次应控制在20分钟～30分钟，训练时最好配上轻松愉快的音乐，用以调整心境，既可以防止训练的单调性，又可以减轻疲劳感。

（3）协调稳健、轻松敏捷的行姿会给人动态之美

①规范的行姿

行姿的基本要求是"行如风"，起步时，上身略向前倾，身体重心落在前脚掌上。行走时，双肩平稳，目光平视，下颌微收，面带微笑。手臂伸直放松，手指自然弯曲。摆动时，以肩关节为轴，上臂带动前臂，前后自然摆动，摆幅以30°～35°为宜。

步幅适当，一般应该是前脚的脚后跟与后脚的脚后跟相距一脚长。跨出的步子应是全脚掌着地，膝和脚腕不僵直，行走足迹在一条直线上。行步速度，一般是108～110步／每分钟。

行走时，不要左右晃肩。男女两人同行，应适当调整步幅，尽量与女士同步行走。

行走时，不要左顾右盼，左摇右摆，大甩手，也不要弯腰驼背、歪肩晃膀，步履蹒跚，不要双腿过于弯曲，走路不成直线，更不要走"内八字"或"外八字"。

②变向行姿

变向行姿是指在行走中，需转身改变方向时，注意身体先转，头随后转，并同时向他人告别、祝愿、提醒、寒暄等时的行走姿态。

后退步。与人告别时，不能扭头就走。应先向后退三步，再转体离去。退步时脚轻擦地面，不要高抬小腿，后退步幅要小。转体时要身先转，头稍后一些转。

引导步。引导步是用于走在前边给宾客带路的步态。引宾时，要尽量走在宾客的左侧前方，整个身体半转向宾客方向，左肩稍前，右肩稍后，保持两三步的距离。遇到上下楼梯、拐弯、进门时，要伸出左手示意，提示客人先上等。

前行转身步。在前行中要拐弯时，要在距所转向方向远侧的一脚落地后，立即以该脚掌为轴，转过全身，然后迈出另一脚。向左拐时，要右脚在前时转身，向右拐时，要左脚在前时转身。

微笑是两个人之间最短的距离

微笑，是人类最基本的动作。微笑，似蓓蕾初绽，洋溢着沁人心脾的芳香。它的力量是巨大的，甚至可以说是神奇的，阳光般的笑容可以感染身边的每一个人，使彼此多云的心情渐渐晴朗，让生疏的彼此日渐亲密。一个男人，如果能够时刻保持阳光而自信的微笑，那么除了能给自己带来一份好心情以外,他还会收获更多的赞美和友谊。

年轻的时候,我们只对自己喜欢的人微笑。那时候我们不懂微笑的力量,只是凭着自己的感觉去行动。到了一定的年龄,我们的步伐越来越从容淡定,经历了社会的磨炼,意识到了微笑在社交场合的重要性。当你带着自己阳光般的微笑去与人握手交谈,一种亲切感就会在你们彼此之间油然而生。这种神奇的力量总是能够深深地打动对方,即便是有些时候你们的观点并未一致,也不会因此而大发雷霆。中国有句古话,叫作:"伸手不打笑脸人。"说的就是这个道理。如果你想拉近与对方的距离,如果你想和对方交朋友,那么请先试着去向他微笑吧,相信他一定能够给你带来神奇的力量,使你毫不费力地达到自己的目的。

陈鹏是国内一家小有名气的公司的总裁,他还十分年轻,并且几乎具备了成功男人应该具备的那些优点。他有明确的人生目标,有不断克服困难、超越自我的信心;他雷厉风行、办事干脆利索;他的嗓音深沉圆润;并且他总是显得富于朝气。他对于生活的认真与投入是有口皆碑的,而且,他对于同事也很真诚,讲求公平对待,与他深交的人都为拥有这样一个好朋友而自豪。

但初次见到他的人却对他少有好感,这令熟知他的人大为吃惊。为什么呢?仔细观察后才发现,原来他几乎没有笑容。

他深沉严峻的脸上永远是炯炯的目光和紧闭的嘴唇。即便在轻松的社交场合也是如此。他在舞池中优美的舞姿几乎令所有的女士动心,但却很少有人同他跳舞。公司的女员工见了他更是如遇虎豹,男员工对他的支持与认同也不是很多。而事实上他只是缺少了一样东西,一样足以致命的东西——一副微笑的面孔。

微笑是一种接纳,它缩短了彼此的距离,使人与人之间心心相通。喜欢微笑着面对他人的人,往往更容易走入对方的心底。难怪有人说微笑是

>>> **Chapter 1　颜值**
形象决定印象，好形象意味着极强吸引力

成功者的先锋。

在生活中，我们最喜欢看到的，就是笑容可掬的脸庞。处于陌生的环境，一个微笑，就能溶化所有不安。人际关系有了芥蒂，看到一张微笑的脸，不愉快也就烟消云散了。生活中碰到困难，一个鼓励的微笑，困难窘迫仿佛有了转圜的空间。沮丧的时候，一个理解的微笑，沉到谷底的心会得到温暖的慰藉。许多人的成功，是因为他的魅力、有亲和力。而个性中，最吸引人的，就是那亲和的笑容。行动比语言更具说服力，一个亲切的微笑正告诉别人："我喜欢你，你使我愉快，我真高兴见到你。"

推销员徐凯去拜访一位有购买意向的客户，最后却灰头土脸地回来了。让人更加沮丧的是，一位客户打回访电话，本来是要订购产品的，却被徐凯没好气地回话给弄僵了。经理了解到这些情况后，微笑着对徐凯说："为什么不再去拜访一次？不要有太多的压力，调整好心态，记住微笑有神奇的魔力，即使是在接听电话的时候，对方也能感受到你的微笑……"

结果，他脸上快乐、谦逊、真诚的微笑感染了他的大客户，爽快地签订了协议。徐凯高兴不已，马上联系先前给他打电话的公司。他努力微笑着，气氛缓和了，对方的不满消除了，并表示下周会把款汇过来。

人们常说："有了微笑，人类的感情就有了沟通的可能。"确实，微笑可以缩短人与人之间的距离，化解令人尴尬的僵局，是沟通彼此心灵的渠道，使人产生一种安全感、亲切感、愉快感。微笑，又是拉近两人距离的最快捷方式。当你向别人微笑时，实际上就是以巧妙、含蓄的方式告诉他，你喜欢他，你尊重他，你愿意和他做朋友。这样，你也就容易博得别人的尊重和喜爱，赢得别人的信任。生活中多一些微笑，也就多了一些安详、融洽、和谐与快乐。

微笑可以将人神化，让人在微笑的魔力中得到升华，一如蒙娜丽莎的微笑，总是给人一种高深莫测、神秘诱人的感觉；微笑是一种接纳，它能缩短人与人之间的距离，让人们友好地接受彼此，共同去创造美好的未来；微笑是美丽留下的一粒种子，谁人播种微笑，谁人就能收获美丽；微笑是一种德馨，它不仅能够彰显美，更能收获美；微笑是成功者的先锋，用微笑打开交际之门，你就会有贵客临门。

微笑是一个简单的表情，但在这简单的表情之下洋溢着一种对人的热情和友好。在别人眼中，一个成熟男人的微笑是最有感染力的。所以用你真诚的微笑去面对身边的每一个人吧，向对方友好地伸出双手，相信你一定能够赢得对方的欣赏，成为他们值得信赖的朋友和伙伴。

Chapter 2
志 向

定位决定地位，
抱负是男人成长壮大的萌芽

男人的魅力在于有自己的志向。志不先立，一生通是虚浮，浑浑噩噩，还谈什么品位？一个男人有什么样的志向，将决定他成为什么样的人，男人如果不立志，就会丧失前进的目标，从而碌碌终生。

每个男人都应该把自己活成一棵树

有个男人一生碌碌无为，穷困潦倒。这天夜里，他实在没有活下去的勇气了，就来到一处悬崖边准备跳崖自尽。

自尽前，他号啕大哭，细数自己遭遇的种种失败挫折。崖边岩石缝里长着一株低矮的树，听到他的经历后，也忍不住流下了泪水，跟着"呜呜"地哭了起来。这个人见树流泪，就问："难道你也有不幸？"

小树说："我是这个世界上最苦命的树，生在岩石的缝隙间，食无土壤，渴无水源，终年营养不足；环境恶劣，让我枝干不得伸展，形貌生得丑陋；根基浅薄，又使我风来欲坠，寒来欲僵。看我似坚强无比，其实我是生不如死呀。"

人不禁觉得自己与树同病相怜，就对树说："既然如此，为何还要苟活于世，不如随我一同赴死吧！"

树说："我死倒是极其容易，但这崖边便再无其他的树了，所以不能死呀。"人不解。树接着说："你看到我头上这个鸟巢没有？此巢为两只喜鹊所筑，一直以来，它们在这巢里栖息生活，繁衍后代。我要是不在了，那两只喜鹊可咋办呢？"

人听罢，忽有所悟，从悬崖边退了回去。

诚然，人应该为自己而活，但又不仅仅是为自己而活。再渺小、再低微的人，对于有的人来说也是一棵伟岸的树。

在男人的生命长河里，我们总会遇到来自自然的、人为的种种灾难，

>>> **Chapter 2　志向**
定位决定地位，抱负是男人成长壮大的萌芽

让我们承受了种种难以言表的痛苦，我们纵有千般不愿，但这就是现实。面对生命中残酷的现实，我们首先应该想到的是如何更好地活下去，如何让自己有限的生命呈现最大的价值，绝不能产生"死后一身轻，一了百了"的念头。因为，你活得再不好，对于你的父母、你的妻儿来说，也是一棵值得依靠的树。

所以，男人必须把自己活成一棵树，因为你同时也是别人的一棵树。

男人活着，可以有两种活法：一种像草，尽管活着，尽管每年还在成长，但毕竟就是棵草，吸收了阳光雨露，却一直长不大。谁都可以踩你，但他们不会因为你的痛苦而产生痛苦；他们不会因为你被踩了，而怜悯你，因为人们本身就没有看到你；另一种活法像树，即便我们现在什么都不是，但只要你有树的种子，即使你被踩到泥土中，你依然能够吸收泥土的养分，自己成长起来。当你长成参天大树以后，遥远的地方，人们就能看到你；走近你，你能给人一片绿色。活着是美丽的风景，死了依然是栋梁之材，活着死了都有用，这才是男人做人和成长的标准。

高品质生活是从选定方向开始的

说到男人的理想，这俨然已是老生常谈，但扪心自问，我们是不是真的为自己确立清晰明确的目标，并愿意为之奋斗呢？恐怕多数人没有做到吧。这或许是因为我们还没有真正意识到目标对于人生的重要性。

那么来看看下面这件事，相信大家会被触动。

美国哈佛大学曾用时25年，以"目标对人生的影响"为内容，对一群各方面条件相差无几的大学生进行跟踪调查,结果发现:在这些年轻人中,有27%的人缺乏目标;有60%人目标不够清晰;有10%的人有目标,且清晰,但只是短期目标;而只有3%的人,具有清晰的长期目标。

25年以后,那3%的大学生几乎都成了社会精英,其中包括创业成功者、行业领袖等等;10%具有短期目标的人一直生活在社会中上层,生活相对惬意;60%目标模糊者生活在社会中下层,衣食无忧,仅此而已;而27%没有目标者,则一直处于社会最底层,生活状况极不如意。

其实目标对于我们而言,一如图纸于之大楼,大楼在建造之前,若没有一个准确、详细的蓝图,那么建造工程就会陷入盲目,或许到头来建成的只是一栋四不像的建筑。男人到了一定的年纪,倘若依然漫无目的,或许这一生便只能得过且过。

比塞尔是西撒哈拉沙漠中的一个小村庄,它靠在一块1.5平方公里的绿洲旁,可是在肯·莱文发现它之前,这儿的人没有一个走出过大沙漠。肯·莱文作为英国皇家学院的院士,当然不相信这种说法。他用手语向这儿的人问其原因,结果每个人的回答都是一样:从这儿无论向哪个方向走,最后都还是要转到这个地方来。为了证实这种说法的真伪,他做了一次实验,从比塞尔向北走,结果三天半就走了出来。

比塞尔人为什么走不出来呢?肯·莱文非常纳闷,最后他只得雇一个比塞尔人,让他带路,看看到底如何?他们带了半个月的水,牵上两匹骆驼,肯·莱文收起指南针等现代化设备,只挂一根木棍在后面。

10天过去了,他们走了数百英里的路程,第11天的早晨,一块绿洲出现在眼前。他们果然又回到了比塞尔。这一次肯·莱文终于明白了,比塞尔人之所以走不出沙漠,是因为他们根本没有认识北斗星。

在一望无际的沙漠里,一个人如果凭着感觉往前走,他会走出许许多多、大小不一的圆圈,最后的足迹十有八九是一把卷尺的形状。比塞尔村处在浩瀚的沙漠中间,方圆上千公里没有一点参照物,若没有认识北斗星又没有指南针，想走出沙漠，确实是不可能的。

肯·莱文在离开比塞尔时，带了一位叫阿古特尔的青年，这个青年就是上次和他合作的人，他告诉这位小伙子，只要白天休息，夜晚朝北面那颗最亮的星走，就能走出沙漠。阿古特尔跟着肯·莱文，3天之后果然来到了大漠的边缘。

现在比塞尔已是西撒哈拉沙漠中一颗明珠，每年有数以万计的旅游者来到这儿，阿古特尔作为比塞尔的开拓者，他的铜像被竖在小城中央。铜像的底座上刻着一行字：新生活是从选定方向开始的。

正如上文所说的那样，新生活是从选定目标开始的，人生需要一个明确的目标，有了目标，我们才能少走弯路、直奔主题，否则便如同盲人一般，趔趔趄趄，难以走远。

其实我们并不一定非设定什么特别伟大的目标，但这个目标必须要有，且必须切实可行，当然还要你肯为之奋斗。这样，你的人生便是有价值、有意义的，待他日老去，我们也不会为一生的碌碌无为而感到惭愧和遗憾。

男人不想平庸，就让想法进入高层

人是自己思想的主宰者，持有应对任何境遇的钥匙，能否掌握成功的关键，就在于你能否用积极的想法主宰自己。你既可以错误地滥用思想，放纵自己，摧毁自己，最终堕落为禽兽之辈，也可以正确地选择思想并付诸实践，从而达到神圣完美的境界，收获硕果累累的明天。只要下定决心，认真去做，你完全可以实现自己的愿意，使自己成为自己想成为的那种人。

想法与前途密切相关，一个人只有拥有良好的想法才能无惧生活中的困难挑战，始终坚定地为自己的理想而努力，也只有这样的男人才能拥有美好的前途。

高欣出生于东北一普通工人家庭，高考落榜，就进了一所职业高中读酒店管理专业，可眼看即将毕业，又因打架被学校开除。高欣的母亲非常失望，当面追问他："明年的今天你干什么？"

高欣离开学校，开始闯荡社会。卖过菜、烤过羊肉串……他慢慢明白了生活的艰辛。后来，一家酒店公开招人，这是东北最好的五星级酒店之一，高欣前去应聘并被顺利聘用。

有一次，李嘉诚下榻该饭店，高欣给李嘉诚拎包。饭店举行了一个隆重的欢迎仪式，一大群人前呼后拥着李嘉诚，高欣走在人群的最后一位。他清楚地记得那两只箱子特别重，人们簇拥着李嘉诚越走越快，他远远地被抛在了后面，气喘吁吁地将李行送到房间，人家随手给了他几十块钱的小费。身为最下层的行李员，伺候的是最上流的客人，稍微敏感点儿的心都能感受到反差和刺激。高欣既羡慕，又妒忌，但更多的是受到激励。"我就想看看，是什么样的人住这么好的饭店，为什么他们会住这么好的饭店，我为什么不能？那些成功人士的气质和风度，深深地吸引着我，我告诉自己，必须成功。"

后来，高欣做了门童。门童往往是那些外国人来饭店认识的第一个中国人，他们常问高欣周围有什么好馆子，高欣把他们指到饭店隔壁的一家中餐馆。每个月，高欣都能给这家餐馆介绍过去两三万元的生意。餐馆的经理看上了高欣，请他过来当经理助理，月薪3000元，而高欣在酒店的总收入有5000多元，但他仍旧毫不犹豫地选择了这份兼职。他看中的并非3000元的薪水，而是想给自己一个机会。

>>> Chapter 2　志向
定位决定地位，抱负是男人成长壮大的萌芽

为了这份兼职，高欣主动要求上夜班。但仅过了4个月，高欣的身体和精神都有些顶不住了。他知道鱼和熊掌不能兼得，他必须做出选择。

高欣在父母不解的眼光和叹息中辞职，进了隔壁的餐馆，做一月才拿3000块工资的经理助理。可事情并没有像当初想像得那么顺利，经理助理只干了5个月，高欣就失业了，餐馆的上级主管把餐馆转卖给了别人。

闲在家里，高欣不愿听家人的埋怨，经常出门看朋友、同学和老师。一天，他去看一位老师。老师向他诉苦："我们包出去的小饭馆，换了4个老板都赔钱，现在的老板也不想干了。"高欣眼中一亮，忙不迭地问："怎么会不挣钱？那把它包给我吧。"于是，高欣用3000元起家，办起了饺子馆。

来吃饺子的人一天比一天多，最多的时候，一天营业额超过了5000块钱。为了进一步提高工作人员的积极性，高欣想出了一招，将每个星期六的营业额全部拿出来，当场分给大家。这样一来，大家每周有薪水，多的时候每月能拿到4000元，热情都很高。一年下来，高欣自己挣了10多万元左右。

高欣初获成功，他又寻思着更大的发展。他在火车站开了一家饺子分店。一个客人在上车前对他说："哥们儿，不瞒您说，好长时间以来，今天在这儿吃的是第一顿饱饭。"当时高欣就想，为什么吃过山珍海味的人，宁愿去吃一顿家家都能做、打小就吃的饺子呢？川式的、粤式的、东北的、淮扬的，还有外国的，各种风味的菜都风光过一时，可最后常听人说的却是，真想吃我妈做的什么粥，烙的什么饼。人在小时候的经历会给人的一生留下深刻印象，吃也不例外。

一有这样的想法，他就着手实施，随即他终于领悟到了自己要开什么样的饭馆了。他要把饺子啦、炸酱面啦、烙饼啦，这些好吃的、别人想吃的东西搁在一家店里，他要开家大一些的饭店。

他以每年10万元的租金包下了一个院子，在院里拴了几只鹅，从农村搜罗来了篱笆、井绳、辘轳、风车、风箱之类的东西,还砌了口灶。"大杂院餐厅"开张营业了。开业后的红火劲儿,是高欣始料不及的,高欣觉得成功来得太快了。300多平方米的大杂院只有100多个座位,来吃饭的人常常要在门口排队,等着发号,有时发的号有70多个,要等上很长一段时间才有空位子。大杂院不光吸引来了平头百姓,有头有脸的人也慕名而来,武侠小说大师金庸、台湾艺人凌峰等都到大杂院吃过饭。

后来,大杂院的红火已可用日进斗金来形容。每天从中午到深夜,客人没有断过,一天的营业流水在10万元以上。3年下来,有人估算,高欣挣了1000万元。

想法决定一个人的活法。天是同一个天,地是同一个地,一样的政策,甚至一样的学历,一样的班级,为什么有些人可以月赚万元乃至数十万元,有些人却只能保持温饱?许多人百思不得其解,总是认为自己运气不佳。其实金钱来源于头脑,财富只会往有头脑的人的口袋里钻,正所谓"脑袋空空,口袋空空;脑袋转转,口袋满满"。人与人的最大差别是脖子以上的部分。

最初的大转换是摆脱定位的限制

一个男人如果对自身的能力缺乏自信,即使其中掺有谦虚的成分,也无法使自己获得真正的成功,更不可能得到真正的幸福。因为健全的自信往往是促成成功的关键。梦想是人类的特权和天性,成功者会展开梦想的翅膀,立定目标飞向诱人的未来。

>>> Chapter 2 志向
定位决定地位，抱负是男人成长壮大的萌芽

那么，怎样才能获得自信的性格呢？想象一下你的答案，想象你正爬越心中的山脉，想象你正冲过终点。表面上，这些设想好像很不实在，但却往往能增加你的耐力，使你百折不挠，继续向理想迈进。

男人应该具备这样的个性：莫让我们的梦想因别人的几句冷言冷语而熄灭。安于现状，只会使你丧失获得更卓越成就的能量。只要你的眼光看得够远，就一定能真正飞起来。

谭盾在中央音乐学院时被誉为"四大才子"之一，当初，他远赴哥伦比亚求学。初到异乡为求生存，谭盾只能选择在街头卖艺谋生。所幸，他结识了一位黑人琴师，两人同心协力占据一块地盘——一家商业银行的门前。

积累了一定资金以后，谭盾决定离开黑人琴师，投向自己向往已久的艺术殿堂——哥伦比亚大学。在这里，他师从大卫·多夫斯基以及周文中先生，潜心学习音乐。身在学府，当然不能像街头时那样卖艺赚钱，谭盾的生活逐渐拮据起来。然而，此时的他已然进入更高的境界，他的目光超越了物质，投向远方……

后来，在师友的帮助下，谭盾在美国成功举办了个人作品音乐会，成为第一位在美国举办个人音乐会的中国音乐家，并不断推陈出新，凭借令人赞叹的音乐作品，逐步奠定了自己"国际著名作曲家"的地位……

谭盾成名以后，一次，当他路过自己曾经卖艺的地方时，竟然惊奇地发现那位黑人琴师居然还在，十年弹指一挥间，黑人琴师的脸上依旧写满了满足。谭盾走上前去与之交谈起来，琴师询问谭盾现在的"工作地点"，他简单回答了在一家非常具有知名度的音乐厅工作，不想对方却说："那个地方一定不错，能赚到不少钱"。黑人琴师怎会知道，如今的谭盾早已成为享誉全球的大作曲家了。

谭盾之所以有今日之成就，就在于他一直怀有成为音乐家的想法，他没有将自己定位为"卖艺者"，他十分清楚，自己绝不能依靠"卖艺"来走完人生旅程。相反,那位黑人琴师从始至终就认定,自己只是个"街头拉小曲的",所以他的人生只能以"不入流"收场。

事实就是这样,一个想法、一个定位,在很大程度上可以翻转一个人的人生。毫无疑问,我们每个人都曾志存高远,都曾想过有朝一日要出人头地、威风八面,但为什么只有少数人做到了呢?从根本上讲,是因为这部分人的斗志较一般人更为强烈,而且他们知道怎样去驱使自己的意志力。

其实,生活中很多人不是没有梦想,而是没有足够的自信与豪气。这些人总是妄自菲薄,于是渐渐地,那他就会成为自己所自贱的样子。这样的男人注定与平庸为伍,很难想象他会成功。

望得足够远,才能站得足够高

天津卫视台《非你莫属》栏目中,有位企业家问求职者:"您认为站得高以及望得远,哪个应该放前?"求职者不假思索回答:"站得高才能望得远。"事实上,习惯性地,我们都会认为站得高才能望得远。但企业家却告诉他:"在人生的跑线上,只有你比别人看得远,才能站得更高。"

的确如此,高目标可以激发我们的潜能,从而将原本你认为的不可能变为可能。可以说,男人的目标越高远,人生的成就就会越大。大家应该有过这样的体会,当我们把目标确定为10公里时,那么我们走到七八公里时就会因劳累而松懈,但假如我们将目标确定为20公里,那么,走到七八里处时我们正斗志昂扬。其实人生的成败也是这个道理,我们只有拥

Chapter 2 志向
定位决定地位，抱负是男人成长壮大的萌芽

有远大的目标，才能产生更大的动力，才有可能实现更大的成功。

"4年前，小米刚刚创立，在中关村，十来个人、七八条枪要去做手机，有谁相信我们能赢？"雷军在乌镇参加全球互联网峰会说道。"手机这个行业是刀山火海，前面有三星、有苹果，后面有联想、有华为……一个正常人想到智能手机，就觉得这个市场竞争很激烈。"

"3年前，我们的产品刚刚发布，仅仅用了3年时间，谁能想到，这十来个人的小公司，在这样竞争激烈的市场里面，杀到了全中国第一、全球第三。我们今天有这样的业绩、有这样的起跑线，我觉得我们总应该有这么一点点梦想，用5到10年时间杀到全球第一吧。梦想还是要有的。"

"我有天晚上从梦中醒来，我问了自己一个问题：我40岁了，在别人眼里功成名就，已经退休了，还干着人人都很羡慕的投资。我还有没有勇气去追寻我小时候的梦想？岁数越大，谈梦想就越难，大家现在都是最有梦想的时候，你们到了40岁的时候，还有梦想吗？面对残酷的现实，还有几个人能笑对今天、笑对明天？

"我当时问我自己，还有没有勇气去试一把。这么试下去风险很高，有可能身败名裂，有可能倾家荡产，而且更重要的是，我在别人眼里已经是一个成功者，我需要冒这么大的风险去做一件这么艰难的事情吗？其实我真的犹豫了半年时间。最后我觉得，这种梦想激励我自己一定要去赌一把，只有这样做，我的人生才是圆满的，至少当我老了的时候，还可以很自豪地说：我曾经有过梦想，我曾经去试过，哪怕输了。我最后下定了决心，创办了小米。刚开始，我认为我百分之百会输，我想的全部是我会怎么死，但我真的很庆幸，我们竟然只用了3年，取得了一个令我自己都无法相信的结果。"

"我为什么会有这样的梦想？因为我18岁那年，我在图书馆无意之中看了一本书，改变了我的一生。那是1987年，我上大学一年级，那本书叫《硅谷之火》，讲述的是20世纪70年代末、80年代初，硅谷英雄们的

创业故事，其中主要的篇章就是讲乔布斯的。书中说，乔布斯在那个年代，代表着美国式的创业。我记得20世纪90年代比尔·盖茨很成功的时候，他说"我不过是乔布斯第二"，乔布斯在80年代就已经如日中天。当时看了这本书，激动的心情久久难以平静。我清晰地记得，我在武汉大学的操场上，沿着400米的跑道走了一圈又一圈，走了个通宵，我怎么能塑造与众不同的人生？在中国这个土壤上，我们能不能像乔布斯一样，办一家世界一流的公司？我觉得只有这样，我才无愧于我的人生，才会使我自己觉得，人生是有价值、有意义、有追求的。

"当我有这样的梦想后，我认为放到口头上是没有用的，怎么能够落实到实际的学习和工作中，这才是最重要的。我当时给自己制定了第一个计划：两年修完大学所有的课程。我用两年时间完成了目标。我是当时武汉大学为数不多的双学位获得者，而且我绝大部分的成绩都是优秀，在全年级一百多人里排名第六。

"有梦想是件简单的事情，关键是有了梦想以后，你能不能把梦想付诸实践。你要怎么去实践，你怎么给自己设定一个又一个可行的目标？当然，有了这样的目标还不够，因为要成功不是一件简单的事情，需要你长时间的坚韧不拔、百折不挠。"

"我在40岁的时候，没有忘记18岁的梦想，我去试了。我经常跟很多年轻人交流梦想。我自己特别喜欢一句话，叫作'人因梦想而伟大'。只要你有了梦想，你就会变得与众不同。周星驰也讲过一句名言，叫做'人如果没有梦想，跟咸鱼有什么分别'。所以关键的是，要有梦想，有梦想是你迈向成功的第一步，有了第一步以后，你一定要为自己的梦想去准备各种坚实的基础。"

有句话说得好"心有多大，舞台就有多大！"细心留意我们就不难发现，从古至今，每一个伟大的建树，每一项杰出的成就，每一个推动历史前进的创举，其创造者必然是勇于开拓、志存高远的。事实就是这样，目

>>> Chapter 2　志向
定位决定地位，抱负是男人成长壮大的萌芽

标不同，人生的高度就截然不同，最优秀的将会上升到金字塔的顶端，而自甘堕落者只能在塔底沉沦。

当然，消失的时间不可能再回转，但曾经的教训我们该吸取，男人不管到了多大岁数，只要能够认识到这一点，我们就能把握现在和未来。

唤醒野心，点燃你的强者气息

古语有云："取法乎上，折乎其中；取法乎中，折乎其下"没有"野心"的男人，终其一生也只能与庸俗为伍，甚至连琐事都做不好。他们遇事、遇敌总是表现得非常软弱，办起事来往往瞻前顾后，尚未行动，就担心失败，于是畏首畏尾，人生始终没有突破。

有野心的男人则大不同，他们似乎带着一种与生俱来的霸气，断不肯甘于人下。这是一种强者的风范。在强者看来，这世间没有什么能够泯灭自己的斗志、没有什么能够阻挡自己捕获猎物，因为自己天生就是个强者。

法国曾经有一位很穷的年轻人。后来，他以推销装饰肖像画起家，在不到10年的时间里，迅速成为法国排行前50的富豪。但是不幸的是，就在他的事业如日中天之时，他患上了前列腺癌，在医院去世。他去世后，法国的一份报纸刊登了他的遗嘱。在这份遗嘱中，他说：我曾经是一个穷人，很穷的人，在以一个富人的身份进入天堂的大门之前，我将自己成为富人的秘诀留下，谁若能答对"穷人最缺少的是什么"这一问题，就已得到我致富的秘诀，为了表示鼓励，他将得到我的祝贺——我留在银行私人保险箱内的100万法郎，这是我在天堂给予他的欢呼与掌声。

遗嘱刊出之后，有4万余人寄来了自己的答案。这些答案五花八门，应有尽有。其中，绝大部分人认为，穷人最缺少的当然是金钱，因为有了钱，就不再是穷人；还有一部分人认为，穷人之所以穷，最缺少的是机会，穷人之穷是命运的安排；又有一部分人认为，穷人最缺少的是技能，一无所长所以难有建树，有一技之长就能迅速致富；还有人说，穷人最缺少的是帮助和关爱等等。

在这位富翁逝世周年纪念日上，他的律师和代理人在公证部门的监督下，打开了放在银行内的私人保险箱，公开了他致富的秘诀——穷人最缺少的是成为富人的野心。

一个人只有具备了"野心"，并为之笃行践履，才有可能使自己成为一个出类拔萃、不流于俗的人。"野心"可以激发出我们最大的潜能，始终让我们斗志昂扬，很多看似难以实现的目标，正是由于有了"野心"的存在，才得以功成。与其相反，那些没有"野心"的人，其人生往往形如一潭死水，久则生腐，毫无激情。

从个人的角度看，人是否有野心，与他对自己的期许和定位高下有着密切关系。一个自视甚高但又狂妄自大的人，不会比一个志存高远且踏实肯干的人有更大的成功概率。若一个人妄自菲薄，目光短浅，做一庸人而自乐，无疑则会成为一个失败的凡夫俗子。

要培养自己的野心，我们完全可以有意识地缔造一种"自我成就感"，以此来压制人生中那些消极情绪，譬如自卑、自闭、自我放弃等等，从而形成一种心理上的良性循环。倘若你做了一件自认不错的事情，那么不妨鼓励自己"今天做得真不错，再接再厉，我能做得更好！"如此一来，自信感、成就感便会油然而生，令你更有勇气、更有毅力去迎接未来的挑战。诚然你现在还未成功，但这种自我造就的心理会将你推得离目标越来越近。

>>> Chapter 2　志向
定位决定地位，抱负是男人成长壮大的萌芽

当然，这里所谓的"野心"，并不是指忤逆不道、胡作非为，"野心"要有一定尺度，最起码不能脱离道德、逾越现实。在对待野心这个问题上，如何既做到促进人生的进步，又不损人损己，就需要我们好好地作一番衡量。

首先，看看你的"野心"是不是只有损人才能利己，如果是，那么就要将这份野心放入法律与道德允许的范畴之内，要懂得自控。

再次，要尽量使"野心"得到认可。只有一锅肉，你全吃了，别人就只能喝汤，这种"野心"在任何时候都不会受到欢迎。其实，在如今这个飞速发展的社会，人与人之间是完全达到双赢的。倘若你的"野心"既可以使自己飞黄腾达，又能够为别人带来好处，那你无疑就是英雄。

最后要注意，不要让自己的"野心"过分膨胀。"野心"虽好，但过分膨胀就会造成严重的心理负担。当现实情况不能满足你的"野心"时，便极易产生焦虑、暴躁、敌意、对抗等不良情绪，对外会严重影响人际关系，对内则会残损身心健康。这一点必须要有所警惕。

总而言之，一个人的"野心"是没有止境的，但你绝不能放任自流，要懂得将其控制在一个合理的范畴之内，要让它激励你而不是伤害你。

抗衡！男人的命运由自己决定

人生在世，很多事情由不得我们做主。就拿出身来说，一部分人生就富贵之家，自幼锦衣玉食，享受着高级教育，无须刻意奋斗，就能得到比普通人更多的收获。

然而，这毕竟只是少数人的待遇，多数情况下我们会降生在一个平凡人家，这样的家境无法为我们搭建有高度的起点，因此我们注定要比那些"富二代"多付出几倍、甚至是几十倍的努力。当然，你可以去指责上苍的不公，但你绝不能怨天尤人、得过且过，将大好的生命白白浪费。

事实上，很多成功人士的人生起点同样很低，但他们能够把这种"不公"转换成动力，在平凡的起点上，铆足劲攀上不平凡的高度。而这些人成功的关键因素就是，他们对于的生活态度以及做人的心态。

罗伯特·巴拉尼出生在一个犹太家庭，年幼时不幸患上骨结核病，由于贫困没钱根治，他的膝关节最终落下残疾——永久性僵硬。父母为儿子感到伤心，巴拉尼当然也痛苦至极。然而，尽管当时只有七八岁，但他却懂得把自己的痛苦隐藏起来，他对父母说："你们不要为我伤心，我完全能做出一个健康人的成就。"听到儿子的这番话，父母悲喜交集，抱着他泪流满面。

从此，巴拉尼狠下决心证明自己不比别人差！父母为儿子的坚强、"好胜"大感欣慰，他们每天交替接送巴拉尼上下学，10余年风雨不改，巴拉尼也没有辜负父母的心血，没有忘掉自己的誓言，从小学至中学，他的成绩一直在同年级学生中名列前茅。

18岁时，巴拉尼考入维也纳大学医学院，并最终获得了博士学位。大学毕业以后，作为一名见习医生，他留在了维也纳大学耳科诊所工作，由于工作努力，颇受该大学医院著名医生亚当·波利兹的赏识。于是，波利兹对他的工作和研究给予了热情的指导。此后，巴拉尼对眼球震颤现象进行了深入研究和探源，经过多年努力，他发表了题为《热眼球震颤的观察》的研究论文。这篇论文的发表，受到了医学界的广泛关注和认同，耳科"热检验法"就此宣告诞生。在此基础上，巴拉尼再度深入钻研，通过实验最终证明内耳前庭器与小脑有关，从此奠定了耳科生理学的基础。

后来，著名耳科医生亚当·波利兹病重，他将自己主持的耳科研究所

> >> Chapter 2　志向
> 定位决定地位，抱负是男人成长壮大的萌芽

事务及维也纳大学耳科医学教学任务，全部交给了巴拉尼。繁重的工作给了巴拉尼很大压力，但他没有畏惧，他在出色完成工作之余，仍继续着对自身专业的深入研究。此后的两年间，巴拉尼先后发表了《半规管的生理学与病理学》《前庭器的机能试验》两本著作，基于他在科研领域的突破性贡献，奥地利皇家决定授予他爵位殊荣，此后，巴拉尼又斩获了诺贝尔生理学及医学奖。

巴拉尼一生共计发表科研论文184篇，曾医治好诸多耳科绝症患者。为纪念他的卓越成就，医学界探测前庭疾患试验、检查小脑活动及与平衡障碍有关的试验，都是以他的姓氏命名的。

巴拉尼的起点如何？家庭贫困且自幼残疾，其境况简直可以用"悲惨"来形容。然而，正是困境对于他的激励，才使其心生斗志，并最终取得了堪称伟大的成就。试想一下，假如没有贫困和残疾的刺激，他会怎样？或许会成为一个衣食无忧的平凡人；假如他在困境面前消沉退缩又会怎样？只能在贫困的深渊中越陷越深。幸运的是，他没有这样做，他在父母的帮助以及自己的努力下，用正确的生活态度和规律调整着自己的行为方向。这样，一条康庄大道出现在了他的眼前，将他引出困境、引向一条更有价值、更有意义的人生之路。

其实，大多数成功人士的起点都很低微，但低微是可以改变的，只要你把磨难当成一种磨砺，勤奋努力，积累经验、提升本领，抓住时机，你最终便可如愿以偿地搭上成功的列车。

突破！从普通阶层到卓越阶层的转换

在生活中，我们每个人不可避免地会遭遇某些瓶颈，如果能够找到症结所在并竭力突破，那么冲出之后便会海阔天空。如果不尝试突破自己，瓶颈就会变成铁闸，限制我们的进步和发展。

听渔民们讲过这样一件趣事：

据他们说，成年章鱼的体重可达 70 磅，如此一个庞然大物，却拥有极度柔韧的躯体，若是它愿意，几乎能够将自己塞进任何一个地方。

章鱼最喜欢的事情，莫过于藏身海螺壳之中，待鱼虾靠近，突然发出致命一击，咬住它们的头部，瞬息注入毒液，然后美美地享用一顿。针对章鱼的天性，他们想出了一个绝招用绳索将很多小瓶子串联在一起，投入海底。章鱼们一发现小瓶子，便趋之若鹜，最后成了他们的"囚徒"。

事实上，将章鱼困住的并不是瓶子，而是它们自己。瓶子是死物，它不会主动去囚禁章鱼，反而是它们喜欢往狭小的洞口里钻，最终葬送了卿卿性命。

现实生活中，很多人的思想正与章鱼一样，他们一旦遭遇瓶颈，只知道将自己困于瓶底，却不懂得去突破、去争取，久而久之，他们的思想越来越狭窄，逐渐失去了原有的光芒。

一个人的思想决定一个人的命运。不敢向高难度挑战，是对自身潜能的束缚，只能使自己的无限潜能浪费在无谓的琐事中。与此同时，无知的认识会使人的天赋减弱，因为懦夫一样的所作所为，不配拥有生存状态之

>>> Chapter 2　志向
定位决定地位，抱负是男人成长壮大的萌芽

下的高层境界。

李开复老师在《做最好的自己》一书中曾讲过这样一个故事。

中国科技大学的"少年班"全国闻名。在当年那些出类拔萃的"神童"里面，就有今天的微软全球副总裁、IEEE 最年轻的院士张亚勤。但在当时，全国大多数人都只知道有一个叫宁铂的孩子。二十年过去了，宁铂悄悄地从公众的视野里消失了，而当年并不知名的张亚勤却享誉海内外，这是为什么呢？

张亚勤和宁铂的区别，主要在于他们对待挑战的态度不同。张亚勤在挑战面前勇于进取

不怕失败，而宁铂则因为自己身上寄托了人们太多的期望，反而觉得无法承受，甚至没有勇气去争取自己渴望的东西。

大学毕业后，宁铂在内心里强烈地希望报考研究生，但是他一而再、再而三地放弃了自己的希望。第一次是在报名之后，第二次是在体检之后，第三次则是在走进考场前的那一刻。

张亚勤后来谈到自己的同学时，异常惋惜地说：

"我相信宁铂就是在考研究生这件事情上走错了一步。他如果向前迈一步，走进考场，是一定能够通过考试的，因为他的智商很高，成绩也很优秀，可惜他没有进考场。这不是一个聪明不聪明的问题，而是一念之差的事情。就像我那一年高考。当时我正生病住在医院里，完全可以不去参加高考，可是我就少了一些顾虑，多了一点自信和勇气，所以做了一个很简单的选择。而宁铂就是多了一些顾虑，少了一点自信和勇气，做了一个错误的判断，结果智慧不能发挥，真是很可惜。那些敢于去尝试的人一定是聪明人，他们不会输。因为他们会想：即使不成功，我也能从中得到教训。"

其实很多男人都会犯宁铂一样的错误，我们成功的最大的障碍，往往就是自己的心。是我们面对"不可能完成"的高度时，心为自己设定的

瓶颈。所以说，男人应该勇于向极限挑战，这是获得高标生存的基础。现实之中，很多人虽然才华横溢、能力不俗，却具有一个致命弱点——缺乏挑战极限的勇气，只愿做人生中的"安全专家"。对于偶尔出现的"大障碍""大困难"，他们不会主动出击，而是觉得"不可能克服"，因而一躲再躲，蜷缩不前。结果，终其一生也未能成事。

勇士与懦夫在世人心目中的地位，有着天壤之别。勇士受人尊崇，走到那里都能闯出一片天地；懦夫遭人冷眼，不受待见，很难得到重用。一位企业老总在描述自己心目中的理想员工时，曾这样说道："我们所急需的人才，是有奋斗、进取精神，勇于向'不可能完成'的任务挑战的人。"可见，勇于向瓶颈挑战的人，如同明星一般，是人们争相抢夺的珍品。

Chapter 3
韧 性

心气决定运气，
成功对坚韧不拔的男人青睐有加

眼前多少难甘事，自古男儿当自强。魅力男人最明显的标志，就是坚强的意志。意志力不够坚定，很容易被击败，被打垮。一个随随便便就会被打垮的男人，其他一切也无从谈起，也无须谈起。

优秀的男人敢对自己下狠手

最美的刺绣是以明丽的花朵映衬于暗淡的背景，而绝不是以暗淡的花朵映衬于明丽的背景。人的美德犹如名贵的香料，在烈火焚烧中会散发出最浓郁的芳香。正如恶劣的品质可以在幸福中暴露一样，最美好的品质也正是在逆境被显现的。

一个拥有人生大志向的男人，他会愿意对自己下狠手，在那些别人甚至都不在意的微小的细节和不起眼的事情上严格要求自己。他会慢慢积蓄能量，直至突破自己。

有一个小男孩，因为疾病而导致左脸局部麻痹，嘴角畸形，相貌丑陋，还有一只耳朵失聪。

他讲话时不仅嘴巴总是歪向一边，而且还有口吃。为了矫正自己的口吃，小男孩模仿古代一位著名的演说家，嘴里含着小石子苦练讲话。母亲看到儿子的嘴巴和舌头都被石子磨破了，流着眼泪心疼地说："不要练了，妈妈照顾你一辈子。懂事的小男孩一边替妈妈擦着眼泪，一边说："妈妈，您对我说过，每一只漂亮的蝴蝶，都是在经过痛苦的抗争，冲破了茧的束缚之后才变成的，我就是要在苦练中变成一只美丽的蝴蝶。"

经过日复一日的苦练，小男孩终于能够流利地讲话了。由于他的勤奋和善良，在中学毕业时，不仅取得了优异成绩，还赢得了同学们的普遍好评。

>>> Chapter 3　韧性

心气决定运气，成功对坚韧不拔的男人青睐有加

苍天不负苦心人。63岁时，他勇敢地参加了加拿大全国的总理大选。他的对手居心叵测地利用电视广告夸张他的脸部缺陷。然后写上这样的广告词："你要这样的人来当你的总理吗？"但是。这种极不道德的、带有人格侮辱性质的攻击，引起了大部分选民的愤怒和谴责。他的成长经历被人们知道后，赢得了广大选民极大的同情和尊敬。"我要带领国家和人民成为一只美丽的蝴蝶！"他的这个竞选口号深得人心，使他以高票当选为总理，并在下次选举中再次获胜。他就是加拿大第一位连任两届的总理让·克雷蒂安，人们亲切地称他是"蝴蝶总理"。

其实，任何不幸、失败与损失，都有可能成为我们的有利因素。生活也真的很公平，它可以将一个人的志气磨尽，也能让一个人出类拔萃，就看你是怎样的一个男人。摆在我们面前的其实也无非就那么两条路：要么行尸走肉；要么精彩地活着。当然，还是要看你是怎样的一个男人。

男人就算被毁灭，也不能被击倒

俗话说："英雄可以被毁灭，但是不能被击倒。"一个真正的男人也当如此。跌倒了，爬起来，你就不会失败，坚持下去，你才会成功。不要因为命运的怪诞而俯首听命于它，任凭它的摆布。等你年老的时候，回首往事，就会发觉，命运只有一半在上帝的手里，而另一半则由你掌握，你一生的全部就在于：运用你手里所拥有的去获取上帝所掌握的。你的努力越超常，你手里掌握的那一半就越庞大，你获得的就越丰硕。

如果一个男人把眼光拘泥于挫折的痛感之上,他就很难再用心思考自己下一步如何努力,最后如何成功。一个拳击运动员说:"当你的左眼被打伤时,右眼就得睁得更大,这样才能够看清敌人,也才能够有机会还手。如果右眼同时闭上,那么不但右眼也要挨拳,恐怕命都难保。"拳击就是这样,即使面对对手无比强劲的攻击,你还是得睁大眼睛面对受伤的感觉,如果不是这样的话一定会败得更惨,其实人生又何尝不是如此呢?

"幸运者"与"不幸者"的区别在于:幸运者总是充满自信,洋溢活力,而不幸者即使腰缠万贯,富甲一方,内心却往往灰暗而脆弱。

在这个世界上,最不值得同情的人就是被失败打垮的人,一个否定自己的人又有什么资格要求别人去肯定?

松下电器公司曾招聘一批基层管理人员,采取笔试与面试相结合的方法。计划招聘15人,报考的却有几百人。经过一周的考试和面试之后,通过电子计算机计分,选出了15位佼佼者。当松下幸之助将录取者一个个过目时,发现有一位成绩特别出色、面试时给他留下深刻印象的年轻人未在15位之列。这位青年叫神田三郎。于是,松下幸之助当即叫人复查考试情况。结果发现,神田三郎的综合成绩名列第一,只因电子计算机出了故障,把分数和名次排错了,导致神田三郎落选。松下立即吩咐手下纠正错误,给神田三郎发放了录用通知书。第二天,松下先生却得到一个惊人的消息:神田三郎因没有被录取而一下自卑起来,觉得自己一无是处,于是跳楼自杀了,录用通知书送到时,他已经死了。

松下知道之后自己沉默了好长时间,一位助手在旁边自言自语:"多可惜,这么一位有才干的青年,我们没有录取他。"

"不"松下摇摇头说,"幸亏我们公司没有录用他。如此自卑的人是干不成大事的。"

人生并非一帆风顺，因为求职未被录取而拿死亡来解脱自卑的情绪，简直太可惜了。

在人生崎岖的道路上，自卑这条毒蛇随时都会悄然地出现，尤其是当人迷惑、劳累困乏时，更要加倍地警惕。偶尔短时间地滑入自卑的状态是很正常的现象，但长期处于自卑之中就会酿成人生的灾难了。

所以说，男人要想堂堂正正地活着，首先就要有自信，有了自信才能产生勇气、力量和毅力。具备了这些，困难才有可能被战胜，目标才可能达到，胜利才可能拥有。但是自信绝非自负，更非痴妄，自信建筑在崇高和自强不息的基础之上才有意义。心中有自信，成功有动力。莎士比亚说过："自信是成功的第一步。"当你满怀激情踏上人生之路时，请带上自信出发，那么一切都将会改变。

对男人来说，没什么是值得恐惧的

当我们懂得了人生的复杂真相，内心多少会有些不安和紧张，有人担心有一天会撞见可怕的事情，有人担心自己那时候没有能力给家人或朋友提供安全感，甚至遭遇自身难保的窘境。其实，这个世界上80%的恐惧都是纸老虎。只要你能够从容的应对，让自己的心趋于平静，就会找到应对它们的方法，并在第一时间消除他们给你生活带来的隐患，甚至成为一个打倒恐惧的英雄。

安吉·英泰尔37岁那年做了一个疯狂的决定：放弃他薪水优厚的主

编工作，把身上仅有的三块多美元捐给街角的流浪汉，只带了干净的内衣裤，决定由阳光明媚的加州，靠搭便车与陌生人的好心，横穿美国。

他的目的地是美国东岸北卡罗来纳州的"恐怖角"（CapeFear）。这是他精神快崩溃时做的一个仓促决定，某个午后他忽然哭了，因为他问了自己一个问题：如果有人通知我今天死期到了，我会后悔吗？答案竟是那么的肯定。虽然他有好工作、美丽的女友、热心的亲友，但他发现自己这辈子从来没有下过什么赌注，平顺的人生从没有高峰或谷底。他为自己懦弱的前半生而哭。

一念之间，他选择北卡罗来纳的恐怖角作为最终目的地，借以象征他征服生命中所有恐惧的决心。

他检讨自己，很诚实地为他的"恐惧"开出一张清单：从小时候开始他就怕保姆、怕邮差、怕鸟、怕猫、怕蛇、怕蝙蝠、怕黑暗、怕大海、怕飞、怕城市、怕荒野、怕热闹又怕孤独、怕失败又怕成功、怕精神崩溃……他无所不怕，却似乎"英勇"地当了主编。

这个懦弱的37岁男人上路前还接到奶奶的纸条："你一定会在路上被人杀掉。"但他成功了，4000多里路，78顿餐，仰赖82个陌生人的好心。没有接受过任何金钱的馈赠，在雷雨交加中睡在潮湿的睡袋里，也有几次像公路分尸案杀手或抢匪的家伙使他心惊胆战，在游民之家靠打工换取住宿，住过几个破碎家庭，碰到不少患有精神疾病的人，他终于来到恐怖角，接到女友寄给他的提款卡（他看见那个包裹时恨不得跳上柜台拥抱邮局职员）。他不是为了证明金钱无用，只是用这种正常人会觉得"无聊"的艰辛旅程来使自己面对所有恐惧。恐怖角到了，但恐怖角并不恐怖，原来"恐怖角"这个名称，是由一位16世纪的探险家取的，本来叫"CapeFaire"，被讹写为"CapeFear"，只是一个失误。

其实，从恐惧的本意和表现来看，恐惧是我们自己造出来的，它发自

>>> Chapter 3 韧性

心气决定运气，成功对坚韧不拔的男人青睐有加

我们的"肺腑"，来自我们的内心，是我们自己吓怕了自己。事实上，也确实如此，任何事情本身并不恐怖，往往是我们对他们了解不够，或者根本没有了解，处于无知状态，从博弈的角度上讲，无形中高估、放大了对手的能力，贬低了自身的能力，是失去自信心不相信自己能战胜对手所造成的。

一天，几个学生向一位著名的心理学家请教：心态对一个人会产生什么样的影响？他微微一笑，什么也不说，就把他们带到一间黑暗的房子里。在他的引导下，学生们很快就穿过了这间伸手不见五指的神秘房间。接着，心理学家打开房间里的一盏灯，在这昏黄如烛的灯光下，学生们才看清楚房间的布置，不禁吓出了一身冷汗。原来，这间房子的地面就是一个很深很大的池子，池子里蠕动着各种毒蛇，包括1条大蟒蛇和3条眼镜蛇，有好几条毒蛇正高高地昂着头，朝他们"滋滋"地吐着信子。就在这蛇池的上方，搭着一座很窄的木桥，他们刚才就是从这座木桥上走过来的。

心理学家看着他们，问："现在，你们还愿意再次走过这座桥吗？"大家你看看我，我看看你，都不作声。过了片刻，终于有3个学生犹犹豫豫地站了出来。其中一个学生一上去，就异常小心地挪动着双脚，速度比第一次慢了好多倍；另一个学生战战兢兢地踩在小木桥上，身子不由自主地颤抖着，才走到一半，就挺不住了；第三个学生干脆弯下身来，慢慢地趴在小桥上爬了过去。

"啪"，心理学家又打开了房内另外几盏灯，强烈的灯光一下子把整个房间照耀得如同白昼。学生们揉揉眼睛再仔细看，才发现在小木桥的下方装着一道安全网，只是因为网线的颜色极暗淡，他们刚才都没有看出来。心理学家大声地问："你们当中还有谁愿意现在就通过这座小桥？"学生们没有作声，"你们为什么不愿意呢？"弗洛姆问道。"这张安全网的质量可

靠吗？"学生心有余悸地反问。

　　心理学家笑了："我可以解答你们的疑问了，这座桥本来不难走，可是桥下的毒蛇对你们造成了心理威慑，于是，你们就失去了平静的心态，乱了方寸，慌了手脚，表现出各种程度的胆怯，可见心态对行为是有影响的啊。"

　　其实人生何尝不是如此？当我们面对各种挑战的时候，失败的原因往往不是因为势单力薄，不是因为智能低下，也不是没有把整个局势分析透彻，而是因为把困难看得太清楚了、分析得实在太透彻、考虑得实在太详尽，最终是被困难吓倒了，感觉自己举步维艰。人们常说："知己知彼，百战不殆。"这是为了给自己多加几成胜算，但他绝对不能成为阻碍自己成功的障碍。其实有的时候，战胜恐惧就是战胜自己，只要拿出自己的勇气去做，也许那些缠绕在心中的恐惧就烟消云散了。

　　恐惧不是什么可怕的魔鬼，但它总是会在我们的心里作祟，使我们的内心焦躁不安。也许有些恐惧的事情已经困惑了你好多年，但作为一个成熟男人的你，现在最需要的是向这些恐惧告别。你必须战胜自己，必须相信自己的能力。拿出自己的勇气，除了你自己，没有任何人可以帮助你战胜这一切。

那种优柔寡断的男人毫无魅力

　　快速的决策和超常的胆量是成功男士所必备的素质，因为优柔寡断的个性只能带来灾难性的后果。那些总是摇摆不定、犹豫不决的人注定是个性软弱、没有活力的人，他们最终将一事无成。

对于一个男人来说，这一点尤其重要。

曾经有一位担任著名公司要职的先生，一直以来工作很投入、很卖力，成绩突出，因此深受上级的赏识，不断地被提拔并被委以重任。上任伊始，他就面临着许多重要的工作，有些是自己没有经历过的，但他不畏惧，非常努力地工作着。什么事都亲力亲为，唯恐事情办不好。

即使这样，有些需要即刻做出决定的问题在他案头仍然堆积成山，这倒并不是因为他办事效率低，而是有些问题他拿不定主意，便希望放一段时间，等事态更明朗一些再做决定。

所以，许多需要解决的、十万火急的问题就渐渐地在他的案头沉淀了下来，老板和同事在看待他的工作时，眼中都有了异色。大家对他的评价，也逐渐由赞扬、欣赏转为办事拖沓、优柔寡断。他为此感到困扰和痛苦，导致夜不能寐，烦躁不安，工作效率也开始下降。无疑，这种情况更加重了他的担心和恐惧，慢慢地当面对未解决的问题时，他感到更加左右为难，难以做出正确的抉择。

令他觉得心理不平衡的是，他办事的出发点是想再等等看，观察事情有何变化后再做决定，没想到，大家的评价竟是"优柔寡断"。

虽然他从不担心会把事情搞糟，但是，有时候他也会担心没有把事情做得更好。

他一旦发觉自己某方面的工作有可能做得不尽人意时，则焦虑不安、犹豫不决，久而久之，前怕狼后怕虎的状态便出现了，失去了创业初期那种"初生牛犊不怕虎"的气势，事业走下坡路的苗头出现了，焦虑症状产生了，各种躯体的症状也随之表现出来，一连串的生理、心理疾病就不免产生了。

这位先生想让事态变得更明朗时才做决策，以避免做出错误的决策，原本有一定的道理，但在瞬息万变的现代社会，机会是稍纵即逝的，所谓"机不可失，时不再来"就是这个道理，而他在等待与拖延中极有可能白白错过机会。更何况，公司的工作有一定流程与安排，他的这种解决问题的办法的确会产生危机。

优柔寡断是做人与做事的大忌。万事都追求平衡的人做出的无益而琐碎的分析，是抓不住事物本质的。决策最好是决定性的、不可更改的，一旦做出之后就要倾尽所有的力量去执行，就算有时候会犯错，也比某些人那种事事求平衡、总是思来想去和拖延不决的习惯要好。当我们致力于养成一种快速决策的习惯时，哪怕在最初的一段时间里这种做法显得有些机械，它也会让我们产生对自己具有判断力的信心。

习惯于犹豫的人，对于自己完全失去自信，所以，在比较重要的事件面前，他们总没有决断。有些素质、人品及机遇都很好的人，就因为犹豫的性格，其一生也就给蹉跎了。

莎士比亚笔下的哈姆雷特就是患有优柔寡断这种性格疾病的典型例子，他实际的精神能力和他的理想之间存在着很大的差距。有些人只看见事物的一面就很容易做出决定，也很容易分辨出该采取什么样的措施，但哈姆雷特看见了事物的所有方面，他的头脑里充斥了各种各样的观念、恐惧和臆测，他的性格变得优柔寡断、拖泥带水，他无法断定自己看到的鬼魂是否真的就是父亲的冤魂，也无法断定自己的决定是好是坏、是吉是凶，因而他一遍遍地问自己："是活着还是死去？"

墙头草般左右不定的人，无论他在其他方面有多强大，在生命的竞赛中，他总是容易被那些坚持自己的意志且永不动摇的人挤到一边，因为后者明白自己想要做什么并立刻着手去做。甚至可以这样说，连最睿智的头脑都要让位于果敢的判断力。毕竟，站在河的此岸犹豫不决的人，是永远不会登陆彼岸的。

数不胜数的成功者就是因为在某个关键点上，冒着巨大的风险，快速地做出决定，从而彻底地改变了自己的人生境遇，彰显了自己的魅力。而成千上万的人之所以在生命的战场上溃败而归，仅仅是因为耽搁和延误。

所以，不管你想不想成就惊天动地的大事，但作为男人，你必须具备这种果断的做事方法和魄力。换一种说法，你可以不做领袖，但这种领袖的气质，对你是大有裨益的。

迎难而上，方显男儿铿锵本色

人生难免会遇到这样那样的困惑，我们内心百感纠结，总希望那些不开心的事情能够快些过去。有的时候我们不愿意接受受挫的现实，一再地退避、躲藏，幻想它是一场梦，当我们重新睁开眼睛的时候，那一切就不存在了。但是现实就是现实，即便我们希望自己的人生之路能走得更顺畅一些，也无法预见前方路是平坦还是坎坷。但遇到困难时如果真的躲不过去，就迎难而上吧。我们都是成熟的男人，在压力和挫折面前方显男儿本色。就算自己将要度过一个漫长的冬季，也要保持来年又是一春的憧憬。不管这条路有多苦，男儿有泪不轻弹，积极地去面对，冷静地去处理，保持一颗淡定平和的心，你就一定可以冲破那些阻碍，找到自己的幸福和快乐。

成功学家尼古拉斯·B·恩克尔曼曾为学员们上过一堂别开生面的成

功课。在上课之前,他告诉学员这堂课的主讲人是一位"真正的成功者"。当尼古拉斯把那位先生介绍给学员时,学员们不禁有些失望,这位所谓的"成功者"不过是个退休的老水手。他头发花白,满脸刀刻般的皱纹,靠微薄的退休金生活。如果以金钱和地位衡量,老水手确实不能算是成功人士,不过谁也无法否认他是一位成功的水手。他一生中不知经历过多少生死攸关的时刻,但全都凭着自己的勇气和经验化险为夷,这样的人无疑是值得尊敬的。不管他的航海经验对学员们的成功有没有帮助,至少他们不反对听他讲讲海上的惊险历程。

　　当老水手谈到海上的风暴时,尼古拉斯问学员们:"假设你们就是水手,当你们的船行驶在海上,突然遇到风暴,而你们一时又找不到停靠的港湾,你们会怎么办呢?"一位学员想了想,回答说:"我会立即返航,把船头掉转180度,尽量远离风暴圈,我想这应该是最安全的方法了。"

　　老水手听了直摇头:"这样更危险,因为你的船不可能快过风暴。掉头返航,风暴还是会追上你的船,你这么做反而延长了你和风暴接触的时间。谁都知道,在风暴圈中待的时间越长就越危险。"

　　另一位学员说:"那么,我把船头向左或向右掉转90度,能不能偏离风暴圈呢?"

　　老水手还是摇头:"还是不行,以船的侧面去面对风暴,这样就会增加与风暴圈接触的面积,很容易翻船。"

　　学员们再也想不出别的办法来了,于是问老水手:"既然这些办法都不行,那么你是怎么做的呢?"

　　老水手说:"办法只有一个,就是稳住舵轮,让你的船头迎着风暴前进!只有这样,才能尽量减少与风暴接触的面积,同时由于你的船与风暴相对行驶,两者的速度相加,可以缩短与风暴圈接触的时间。你很快就会冲出风暴圈,重新看到一片阳光明媚的蓝天。"

"这就是成功学理论中最精彩的部分。"尼古拉斯对学员们说,"我们面对的各种压力就像水手面对海上的风暴,当退却和避让都无济于事时,克服它的最好办法就是迎着它前进。"

常言道:长痛不如短痛。当我们遇到一件很棘手而又不得不做的事情时,最好的办法是尽量"缩短与风暴圈接触的时间"。与其长吁短叹、消极沉沦,不如迎难而上,用最快的速度把问题解决。

所以面对苦难,不要再皱眉头了,因为很多人和你一样都要去面对很多自己不愿意面对的事情。如果有一天,自己退避不了,那就毫不犹豫地迎难而上吧。也许几分钟以后你就会发现,它并非是什么死结,处理起来还是很简单的。

失败,是走上更高地位的开始

失败有泪水,坚持有泪水,成功也有泪水,但是这些泪水都是不一样的,或苦,或涩,或甜。只有品尝过了苦涩的,才能尝到甘甜的。其实,每一次失败,都是意味着下一个成功的开始;每一次的磨难带来考验,都会给我们带来一分收获;每一次流下的泪水,都有一次的醒悟;每一份坎坷,都有生命的财富;每一次的折腾出来的伤痛,都是成长的支柱。人活着,不可能一帆风顺,想成功就必然会经历一些挫折,而最终的结果,则取决于我们对待失败的态度。

美国人希拉斯·菲尔德先生退休的时候已经积攒了一大笔钱，足够过上富裕的日子。然而这时他又突发奇想，想在大西洋的海底铺设一条连接欧洲和美国的电缆。随后，他就全身心地开始推动这项事业。

菲尔德先生首先做了一些前期的基础性工作，包括建造一条1000英里长，从纽约到纽芬兰圣约翰的电报线路。纽芬兰400英里长的电报线路要从人迹罕至的森林中穿过，再加上铺设跨越圣劳伦斯海峡的电缆，整个工程十分浩大。菲尔德使尽浑身解数，总算从英国得到了资助。随后，菲尔德的铺设工作就开始了。电缆一头搁在停泊于塞巴斯托波尔港的英国旗舰"阿伽门农"号上，另一头放在美国海军新造的豪华护卫舰"尼亚加拉"号上。没想到，就在电缆铺设到5英里的时候，它突然卷到了机器里面，被切断了。

第一次尝试失败了，菲尔德不甘心，又进行了第二次试验。试验中，在铺好200英里长的时候，电流中断了，船上的人们在甲板上焦急地踱来踱去，好像死神就要降临一样。就在菲尔德先生准备放弃这次试验时，电流又神奇地出现了，一如它神奇地消失一样。夜间，船以每小时4英里的速度缓缓航行，电缆的铺设也以每小时4英里的速度进行。这时，轮船突然发生了一次严重倾斜，制动闸紧急制动，电缆又被割断了。

但菲尔德并不是一个在失败面前容易低头的人。他又购买了700英里长的电缆，而且还聘请了一个专家，请他设计一台更好的机器。后来，在英美两国机械师的联手下才把机器赶制出来。最终，两艘军舰在大西洋上会合了，电缆也接上了头；随后，两艘船继续航行，一艘驶向爱尔兰，另一艘驶向纽芬兰。在此期间，又发生了许多次电缆被割断和电流中断的情况，两艘船最后不得不返回爱尔兰海岸。

在不断的失败面前，参与此事的很多人一个个都泄了气；公众舆论也对此流露出怀疑的态度；投资者也对这一项目失去了信心，不愿意再投

Chapter 3 韧性
心气决定运气，成功对坚韧不拔的男人青睐有加

资。这时候，菲尔德先生用他百折不挠的精神和他天才的说服力，使这一项目得以继续进行。菲尔德为此日夜操劳，甚至到了废寝忘食的地步。他决不甘心失败。

于是，尝试又开始了。这次总算一切顺利，全部电缆成功地铺设完毕且没有任何中断，几条消息也通过这条横跨大西洋的海底电缆发送了出去，一切似乎就要大功告成了。但就在举杯庆贺时，突然电流又中断了。这时候，除了菲尔德和一两个朋友外，几乎没有人不感到绝望的。但菲尔德始终抱有信心，正是由于这种毫不动摇的信心，使他们最终又找到了投资人，开始了新一轮的尝试。这一次终于取得了成功。菲尔德正是凭着这种不畏失败的精神，才最终取得了一项辉煌的成就。

很多成功的人在尝试之初难免要遭受一定的失败，这是毫无疑问的，毕竟世界上的事情都不可能是一帆风顺的。那么，同样是失败的尝试，为什么有的人最终成功了呢？原因很简单，那些成功的人在尝试失败之后挺住了，挺住了失败带给他们的苦难，所以最终才能品尝到成功的甘甜，才能感悟到成功带给他们的喜悦泪水。

"失败，是走上更高地位的开始。"许多人所以获得最后的胜利，只是受恩于他们的对待失败的态度。对于没有遇见过大失败的人，有时他反而不知道什么是大胜利。

激发狼样血性，进入高段位人生

成功学大师罗宾说，人生有两种，他们对待机会的态度各不相同。第一种人是像羊一样的弱者，总是等待机会，机会若不降临，他们就觉得寸步难行；第二种人是像狼一样的强者，总是创造机会，即使机会没有来临，也觉得脚下有千万条路可以走。

所以，当觉得自己不够顺利时，弱者总是找借口说"我没有遇到好的机会"，而强者则说"我只不过是暂时没有找到机会"。其实，在整个人生中，时时处处都充满了机会，只不过有些人总是消极等待，借此感叹生不逢时或是怀才不遇。要想获得机会，取得成功，我们必须积极主动地去争取、去创造．

西奥多·帕克是美国历史上颇具影响力的人物，为推动美国社会的发展做出了巨大贡献。在美国，一提起"西奥多·帕克"这个名字，几乎是家喻户晓、妇孺皆知。但鲜为人知的是，他的奋斗历程却比其他人都艰难。

西奥多·帕克是一边做农活，一边自学，最终考上哈佛大学的。由于家庭原因，在念大学的时候，他还得坚持自学。完成学业时，他的成绩却比谁都出色。通过他的奋斗历程可以看出，他能够取得成功的一条重要原因，是因为时刻争取机会。否则的话，他恐怕连书都读不成。

他惜时如金，做活儿、走路，甚至睡觉的时候，都一遍又一遍地在脑

>>> Chapter 3　韧性

心气决定运气，成功对坚韧不拔的男人青睐有加

海里回忆和背诵学过的知识。最后，学过的所有知识都被他背得滚瓜烂熟，同时也十分透彻地理解了它们。

有一次，他在书店里看到一本好书，非常渴望拥有它。于是在夏天的一个早上，他背着箩筐来到原野里采摘浆果，然后再把这些浆果送到波士顿去卖，最终用换来的钱实现了一个小小的愿望。

想到这些，帕克告诉自己：这次考试，只许成功，不准失败。等到揭榜那天，他果然金榜题名。那天回家，帕克把好消息告诉了父亲。"我的孩子，你真是好样的。"木匠夸奖道，"可是，我没有钱供你到哈佛读书啊！"帕克笑着说："爸爸，您不用担心。我不会搬到学校去住，只要利用家里的空闲时间来自学就够了。只要通过考试，我同样能拿到一张学位证书。那样，什么都好办了。"

后来，帕克成功地做到了这一点，以优异的成绩回报了自己和支持他的亲人。

时光飞逝，当年读不起书的那个小男孩后来成了一代风云人物。作为著名的废奴运动倡导者和社会改革家，作为国务卿西沃德、首席大法官莱斯、著名参议员萨姆纳、哈里森总统、著名教育家贺拉斯·曼、废奴协会主席温德尔·菲利普斯等人的密友和事业顾问，西奥多·帕克对整个美国的影响是不可估量的。

西奥多·帕克虽然家境贫寒、出身卑微，但他时刻不忘努力学习、开拓进取，利用一切机会进行创造，因此，他最终踏上了成功之路。对于出生在当今时代，家庭环境无比优越的我们来说，又做何感想呢？努力拼搏吧，具备优越的条件并不是最大的优势，只有艰苦奋斗，努力争当生活的强者，我们才能有所建树，取得成功。

男人的一生是奋斗的一生，如果失去了奋斗，生命就失去了意义，人生也缺少了激情。古语有云："若非一番寒彻骨，哪得梅花扑鼻香。"也就

是说，不经一番傲霜立雪的搏斗，就无法开出娇艳的花朵。同样的道理，一个男人只有不惧挑战，勇于奋斗，才能开辟独具特色的道路，走向成功的殿堂！

化屈辱为激励，在逆境中完成逆转

生活中，我们难免碰到困难，或易进入低潮期，觉得万事不顺，身心俱疲。这种时候你并不是总能幸运地得到别人的帮助。因此，你一定要学会自我激励。

苏格兰国王罗伯特·布鲁斯，曾前后十多年领导他的人民抵抗英国的侵略。但因为实力相差悬殊，六次都以失败告终。

一个雨天，战败后的他悲伤、疲乏地躺在一个农家的草棚里，几乎没有信心再战斗下去了。

正在这时候，他看到草棚的角落里，有一只蜘蛛在艰难地织网，它准备将丝从一端拉向另一端，六次都没有成功。然而这只蜘蛛并没有灰心，又拉了第七次，这次它终于成功了。

布鲁斯受到了极大的启发："我要再试一次！我一定要取得胜利！"

他以此激励自己，重新拾起自信心，以更高涨的热情领导他的人民进行战斗。这次，他终于成功地将侵略者赶出了苏格兰。

自我激励是人生中一笔弥足珍贵的财富，在人生的前行中能产生无穷的动力。一旦你拥有了自我激励的动力，你就给生命插上了美丽的翅膀，

>>> Chapter 3　韧性

心气决定运气，成功对坚韧不拔的男人青睐有加

它将带着你展翅翱翔，创造属于你自己的人生辉煌。

从某种意义上说自我激励就是自我期待。人们激励自己的目的，就是为达到所期待的目标。

走进美国航天基地的人，会看到一根大圆柱上镌刻着这样的文字：If you can dream it, you can do it。这句话可译为：如果你能够想到，你就一定能够做到。

不错，想得到便做得到。一个心存梦想的男人便是一个自我期待的人。

能够自我激励的男人，首先就是一个能自我约束、自我了解的人。他能够在逆境中从容面对一切，鼓励自己，激发自己，让自己能够适时忍耐，在黎明到来之前做好充分的准备。

英国诗人拜伦在上阿伯丁小学时，因跛足很少运动，身体虚弱，走路都困难。

一天，几个健壮的同学在操场上踢足球，拜伦在旁边出神地观看。他有惊人的想象天赋，边看边在自己的脑海里想：自己该怎样拦截、抢球、射门，脸上不时呈现出紧张、惋惜、欣喜的神色。就在他自我陶醉的时候，一个健壮而顽皮的同学郎司拉他去踢足球。拜伦不肯，郎司眼珠一转，想出了个坏主意。他恶作剧式地找来一只篮子，强迫拜伦把一只脚放进去，"穿"着这只篮子绕场一圈。当时拜伦真想扑上去打郎司一拳。但他怎么打得过高大健壮的郎司呢？无奈只好忍气吞声地把竹篮穿在脚上，一瘸一拐地绕操场走起来。同学们看了笑得前仰后合，郎司更是开心得双脚在地上跳。

但这次当众受辱的经历彻底改变了拜伦日后的命运。他意识到一切不公都来自于自己的体弱。从那以后，他激励自己，在别人嘲笑他的时候，他会在心里暗暗较劲。后来，这个意志坚强的人刻苦参加各项运动。一年

半以后，他的体质明显增强了，手臂上的肌肉也凸了起来。在球场上，他能像三级跳远的运动员那样连续不断地飞跑。不久，他参加了学校运动会，恰巧他在拳击比赛中与郎司相遇，激战相持了很久，最后，拜伦一个勾手拳，击中郎司下巴，把他打倒在台上。同学们为拜伦的意志、力量和永不服输的精神深深感染，他们欢呼着将拜伦抛向空中。

有一句俗语："人生都是三节草，三穷三富过到老。"而且我们的人生还有无限希望，任何人在困难的时候都应自我激励，让自己从低潮的疲累中走出来。

就算失利，也要带着胜者的姿态

每个成功男人都有自己的特色，但他们又都有一个共同点——不服输的精神。这个力量不是外力强加的，是内心的力量，这个力量所向无敌。

成功源于不服输，放弃了就是前功尽弃，眼睁睁地看着别人取得胜利。那些成功的男人经历了太多的惊心动魄，即使时过境迁，有很多人已经退出了人生的赛场，这种气质和精神却沉淀了下来，他们的眼神里就透着不服输的精神。

2010世界杯来临之际，德国战车开足了马力，所有人都摩拳擦掌准备在世界杯上大显身手。然而，就在这最关键的时刻，一个意外差点毁灭了德国队关于世界杯的所有梦想——巴拉克因伤不能出战世界杯。全世界的球迷都知道巴拉克对于德国队有多么重要，曾经有人说这个德国队的精神

Chapter 3　韧性
心气决定运气，成功对坚韧不拔的男人青睐有加

领袖一个人就可以抵得上半支球队。

遭受了巨大打击的德国队以残缺的阵容开始了世界杯之旅。没有人看好这支本来就状态一般现在又缺少了核心的德国队。然而，在接下来的比赛里，所有人都看傻了眼。在这届进球不多比赛沉闷的世界杯中，德国队不仅每场都有华丽漂亮的进球，而且战胜了一个又一个强大的对手。尤其是年仅21岁的穆勒表现得极其出色，无论是进球还是助攻，都成为本届世界杯上最耀眼的明星。

当进入淘汰赛之后不久，德国队遇到了夺冠呼声极高的阿根廷队。阿根廷的潘帕斯雄鹰们不仅拥有梅西这样出类拔萃的球星，还有着几乎无懈可击的攻防能力，在球王马拉多纳的带领下更是一路高歌猛进，几乎无法阻挡。

在这场生死大战之前，有记者采访穆勒，问他是否感受到了巨大的压力，穆勒表情严肃地告诉记者："阿根廷是夺冠的大热门，是一支非常强大的球队，但不管遇到多么强悍的对手，我们都必须选择死战不退，宁可跑断腿，也不能放弃对成功的渴望。"比赛开始之后，穆勒果然表现出了极其强烈的求胜心，几乎是不顾一切地疯狂奔跑进攻着。穆勒不要命的打法让防守他的阿根廷队员们感到了巨大的压力，一时间阿根廷队的后防线险象环生。在穆勒的带领下，德国队彻底爆发了。一轮接一轮如同潮水一样的进攻将阿根廷队的后防线和意志彻底摧毁。

当比赛哨声结束的时候，全世界都被震惊了！德国队以一场大胜向所有人展示了日耳曼人的坚强和勇敢，尤其是穆勒，以自己的表现赢得了全世界的尊重。当他走到场边向观众致谢的时候，全场几万名观众纷纷起立，将掌声和尊敬献给了这位足球场上的英雄！

当本届世界杯结束之后，穆勒凭借助攻次数多的优势，成为2010年南非世界杯最佳射手，为德国队成功卫冕了世界杯金靴奖。

人生路上，我们总会遇到比自己强大的对手和看似无法战胜的困难，你会觉得自己失败的概率很高，在你几乎认定自己会输的时候，对自己说一句："我不能把胜利拱手相让！"点燃心中的斗志，即使胜算低，也要奋力一搏。谁能保证你不会超常发挥呢？谁能保证你的对手不会出错呢？世事难料，只有认真地去做了，才会知道结果。

当所有人都认为你不可能会赢的时候，你更不能放弃，你要向他们证明他们是错的。别人越是不看好你的时候，你就越是要给自己信心，问自己一句："总有人要赢的，那为什么不能是我？"不想看见别人举着奖杯欢笑的样子，而自己只能在角落里羡慕，就要勇敢地迎接挑战，争取成为那个接受鲜花和掌声的胜利者。

在哪里跌倒，就在那里爬起来

任何希望成功的人必须有永不言败的决心，并找到战胜失败、继续前进的法宝。不然，失败必然导致失望，而失望就会使人一蹶不振。

艾柯卡曾任职世界汽车行业的领头羊——福特公司。由于其卓越的经营才能，自己的地位节节高升，直至坐到福特公司的总裁。

然而，就在他的事业如日中天的时候，福特公司的老板——福特二世却出人意料地解除了艾柯卡的职务，原因很简单，因为艾柯卡在福特公司的声望和地位已经超越了福特二世，所以他担心自己的公司有朝一日会改姓为"艾柯卡"。

Chapter 3　韧性
心气决定运气，成功对坚韧不拔的男人青睐有加

此时的艾柯卡可谓是步入了人生的低谷，他坐在不足十平方米的小办公室里思绪良久，终于毅然而果断地下了决心：离开福特公司。

在离开福特公司之后，有很多家世界著名企业的头目都曾拜访过他，希望他能重新出山，但被艾柯卡婉言谢绝了。因为他心中有了一个目标，那就是"从哪里跌倒的，就要从哪里爬起来。"

他最终选择了美国第三大汽车公司——克莱斯勒公司，这不仅因为克莱斯勒公司的老板曾经"三顾茅庐"，更重要的原因是此时的克莱斯勒已是千疮百孔，濒临倒闭。他要向福特二世和所有人证明：我艾柯卡不是一个失败者。

入主克莱斯勒之后的艾柯卡，进行了大刀阔斧的整顿和改革，终于带领克莱斯走出了破产的边缘。艾柯卡拯救克莱斯勒已经成为一个著名的商业案例。

如果你的内心认为自己失败了，那你就永远地失败了。诺尔曼·文森特·皮尔说："确信自己被打败了，而且长时间有这种失败感，那失败可能变成事实。"而如果你不承认失败，只是认为是人生一时的挫折，那你就会有成功的一天。

有些人之所以害怕失败，是因为他们害怕失去自信心，其结果他们试图将自己置于万无一失的位置。不幸的是，这种态度也把他们困在一个不可能做出什么杰出成就的位置。

还有的人惧怕失败，是因为他们害怕失去第二次机会。在他们看来，万一失败了，就再也得不到第二个争取成功的机会了。如果这些人都知道，多少著名的成功人士开头都曾失败过，就会给他们增添希望。亨利·福特就曾说过："失败不过是一个更明智的重新开始的机会。"福特本人也有过失败的直接体验。他头两次涉足汽车工业时，以破产失败而告终，但第三次他成功了。福特汽车公司至今仍然充满活力，仍是世界最大

汽车生产厂家之一。

要测验一个人的品格，最好是看他失败以后怎样行动。失败以后，能否激发他的更多的计谋与新的智慧？能否激发他潜在的力量？是增加了他的决断力，还是使他心灰意冷呢？

失败是对一个人人格的试验，在一个人除了自己的生命以外，一切都已丧失的情况下，内在的力量到底还有多少？没有勇气继续奋斗的人，自认挫败的人，那么他所有的能力，便会全部消失。而只有毫无畏惧、勇往直前、永不放弃人生责任的人，才会在自己的生命里有伟大的进展。

拒不退场的男人让人肃然起敬

忍耐痛苦比寻死更需要勇气。在绝望中多坚持一下，终必带来喜悦。上帝不会给你不能承受的痛苦，所有的苦都可以忍耐。

或许，我们这一路走来荆棘遍布；或许，我们的前途山重水复；或许，我们一直孤立无助；或许，我们高贵的灵魂暂时找不到寄宿……那么，是不是我们就要放弃自己？不！我们为什么不可以拿出勇者的气魄，坚定而自信地对自己说一声："再试一次！"再试一次，结果也许就大不一样。

几年前，35岁的普林斯因公司裁员，失去了工作。从此，一家人的生活全靠他打零工挣钱来维持，经常是吃了上顿没下顿，有时甚至一天连一顿饱饭也吃不上。为了找到工作，普林斯一边外出打工，一边到处

>>> **Chapter 3　韧性**
心气决定运气，成功对坚韧不拔的男人青睐有加

求职，但所到之处都以没有空缺职位为由，将其拒之门外。然而，普林斯并不因此而灰心。他看中了离家不远的一家名为底特律的建筑公司，于是给公司老板寄去了第一封求职信。信中他并没有将自己吹嘘得如何有才干，也没有提出任何要求。只简单地写了这样一句话："请给我一份工作。"

这家建筑公司的老板约翰逊在收到这封求职信后，让手下人回信告诉普林斯，"公司没有空缺"。但是他仍不死心，又给这家公司老板写了第二封求职信。这次他还是没有吹嘘自己，只是在第一封信的基础上多加了一个"请"字："请给我一份工作。"此后，普林斯一天给公司写两封求职信，每封信的内容都一样，只是在信的开头比前一封信多加一个"请"字。

3年间，普林斯一共写了2500封信。这最后一封信有2500个"请"字，接着还是"给我一份工作"这句话。见到第2500封求职信时，公司老板约翰逊再也沉不住气了，亲笔给他回信："请即刻来公司面试。"

面试时，公司老板约翰逊愉快地告诉普林斯，公司里有项很适合他的工作：就是处理邮件。

当地电视台的一位记者获知此事后，专程登门对普林斯进行了采访，问他：为什么每封信都只比上一封信多增加一个"请"字？

普林斯平静地回答："这很正常，因为我没有打字机，只能用手写。每次多加一个'请'字，是想让他们知道这些信没有一封是复制的。"

这位记者还问公司老板，为什么录用了普林斯？

老板约翰逊不无幽默地回答："当你看到一封信上有2500个'请'字时，你能不受感动？"

如果是你，你会不会这样做？也许不会，那你或许就要与成功失之交臂了。

所以当我们遇到挫折时，请给自己一个信念：马上行动，坚持到底。成功者绝不放弃，放弃者绝不会成功。我们要坚持到底，因为我们不是为了失败才来到这个世界的，所以当你打算放弃梦想时，告诉自己再多撑一天、一个星期、一个月，再多撑一年，你会发现，拒绝退场的结果往往令人惊讶。

Chapter 4
豁 达

气度决定深度，
男人的心胸都是委屈撑大的

一个伟大的人有两颗心：一颗心流血，一颗心宽容。没有宽宏大量的心肠，就算不上真正的男人。男人要有云一样的胸怀，经得起风，容得下雨，能包容就多包容，能够承担的痛苦，就由自己来承担。

你一动怒，就先输给了自己

有很大一部分愤怒情绪，是因为人的目的和愿望不能达到或一再受到妨碍，逐渐累积而成的。挫折如果是由于不合理的原因或被人恶意造成时，最容易产生愤怒。但是，有的男人比较理智，能够控制自己的情绪，这样的男人通常在人生道路上走得比较远。

在求职节目《职来职往》中，作为BOSS团成员的刘同让人又爱又恨。面对所有这一切，刘同显得云淡风轻，他不会为此拍案而起，因为他知道真正的强者是不会被激怒的，他更明白没有实力的愤怒毫无意义。

无论在职场还是家庭生活中，刘同有很多理由愤怒。因为父亲不同意他报考中文系，父子关系一度紧张到剑拔弩张，父亲几年不与刘同说一句话。毕业后，他曾因为买不起一件几百块的生日礼物，而落逃朋友的生日局，因为派发不了红包而不好意思回家过年。在职场上，刘同曾被同事在网上攻击，打电话给客户被骂。更甚的是在他当上节目总监时，老板并不信任他，骂他是骗钱的。尊严被如此践踏，刘同真的很生气，他一次次想把手里的台本摔到老板脸上然后愤然离去，但是他又想，在还没有任何成绩时就离开，正应了老板的话。刘同没有愤怒，更不会认输，他像只陀螺一样每天超负荷运转。身心的煎熬外人无法体会，半年后，他制作的节目已经与当时的王牌娱乐节目比肩。同时，他自己还出了三本书。刘同用自己的成绩单结实地回应了老板的质疑，而他决定辞职时，他享受了同事们英雄般的待遇。有实力从不怕被埋没，不久，他收到老东家光线传媒的邀

Chapter 4　豁达
气度决定深度，男人的心胸都是委屈撑大的

请，重回光线。

刘同说："把自己看得贱一点，所有的挫折就都不算什么了！"

有人说"人的尊严是最珍贵又是最不值钱的"，这话有一定的道理，人不能自尊心过强，过强就会给人生造成障碍，正如普京所说："没有实力的愤怒毫无意义。"当你实力不济的时候，与其生气，不如争气，我们要思考的是，如何化愤怒为实力。

遗憾的是，很多人都欠缺这方面的自愈力，坏情绪很容易被激发起来，对行为的后果不加考虑，这样的人铁定是要摔倒的。

有个大学生，毕业后来到一家公司做产品营销，公司提出试用三个月。三个月过去了，这位大学生没有接到正式聘用的通知，于是他一怒之下愤然提出辞职，公司一位副经理请他再考虑一下，他越发火冒三丈，说了很多过激的抱怨的话。对方终于也动了气，明明白白地告诉他，其实公司不但已决定正式聘用他，还准备提拔他为营销部的副主任。这么一闹，人家无论如何也不用他了。这位涉世未深的大学生因他的不太理性而白白地丧失了一个绝好的机会。

年轻的时候，涉世不深，愤怒是脱缰野马，我们常把持不住，但年长之后，就应该学会控制。如果控制得好，事实上愤怒也可以成为我们的重要工具，在关键时候，愤怒可以是我们表达坚定立场，绝不妥协的手段；愤怒有时会是一场激烈的情绪展现，让所有人知道，"我"已达临界点，也让他们知道收敛。当然，最后要回到理性。

总而言之，不论怎么"愤怒"都不能失控，一定要在自己安排的剧本中进行，否则还是要付出代价。

男人斤斤计较，没有人受得了

在现代社会，缺少人脉的人不管做什么事都难以成功，而很多男人之所以缺少人脉，主要就在于他们心胸狭隘，做事时太过斤斤计较，以至于别人不愿与其交往。

高文斐刚到公司的时候，对待工作积极认真，勤勤恳恳，同事们有事要他帮忙，他总是乐呵呵地一口答应。在同事们眼里，高文斐是个很不错的小伙子。

然而，随着他在公司地位的稳固，他的心态发生了变化。他认为自己为公司做出了很大的贡献，而自己的工资待遇却没有相应地提高，而且自己经常为同事帮忙，除了得到几句赞美之外，并没有得到什么实际好处，自己实在是太亏了。

带着这样的情绪，高文斐变得斤斤计较起来。在生活中，同事找他帮忙，他都要人家意思意思，嘴里还说："总不能让我白忙吧？"久而久之，同事们即使有事需要帮忙，也不找他了，甚至于一提到高文斐，都会说："他这个人太斤斤计较了……"渐渐地，高文斐感觉到同事们都疏远他了。在工作中，他提不起精神，每天坐在办公室，不是看看报纸就是聊聊天，用他的话说："有什么关系呢？我干得好干得差，工资都不会少我的。"

时间一长，高文斐觉得工作越来越没有意思，自己再也没有想建功立业的追求了，变得越来越颓废。由于高文斐的工作表现实在太糟糕了，在

>>> Chapter 4 豁达
气度决定深度，男人的心胸都是委屈撑大的

公司又没有人缘，两个月以后，高文斐被公司解雇了。

从无数成功男士的经验中，我们可以看出：要想取得成功，就必须有长远的眼光，不拘泥于小节之中。而那些失败者往往都欠缺这一点，他们目光短浅，过于看重眼前利益，凡事都爱斤斤计较，不肯吃亏，给人留下了难缠的印象，无形之中便影响了人脉的发展，导致事业和生活的失败。

就拿高文斐来说吧，刚开始同事们对他的印象很不错，觉得他是个不错的小伙子，可是到了后来，同事们的看法出现了根本性的变化，觉得高文斐很难缠，因此都自觉地避免和他打交道。为什么会出现这种截然不同的变化呢？原因很简单，就在于高文斐在与同事的交往中，过于看重自己的付出，斤斤计较，不放过属于自己的任何小利益，结果却给人留下心胸狭隘、自私自利的印象。

在现代社会中，人际关系越发显得重要，已经成为成功至关重要的因素之一，拥有良好人际关系的人往往可以较容易地获得成功，而一个被社会所孤立的人怎么可能有好的人际关系，怎么可能取得成功呢？因此，只有改变心胸狭隘的不良性格，才能建立良好的人脉，才能最终取得成功。

人的度量决定他的人生局面

生活中，我们偶尔会碰到这样的男人——他们心思狭隘，些许小事也会记恨良久，一句无心之言也会令其大动肝火，即我们口中常说的小肚鸡肠。可想而知，这样的男人自然不会有什么好人缘，更别说成就一番大业。

一如三国时的张昭，虽在孙策死前曾被委以大任，但终因自己气量狭隘而未能得以拜相。

一次，孙权大宴群臣，让诸葛恪为大家敬酒。诸葛恪依命向大臣们一一敬酒。斟到张昭时，张昭已醉推辞不喝，而诸葛恪依然再劝，张昭不悦道："这哪里是尊敬老人！"孙权故意给诸葛恪出难题，说："看你能不能让张公理屈辞穷把酒饮下，不然这杯酒就你喝了。"

于是，诸葛恪对张昭说："过去师尚父九十岁，还能披坚执锐，领兵作战，不言自己已老。现在，带兵打仗，请您在后，而喝酒吃饭，请您在前，这怎么能说是不敬老呢？"张昭无言以对，只得把酒喝下，但从此就记恨上了诸葛恪。

有一天，孙权和诸葛恪、张昭等大臣在殿中议事，忽然一群鸟飞到殿前，这些鸟头部均为白色。孙权不知道这是什么鸟，就问诸葛恪："你知道这鸟叫什么名字吗？"诸葛恪不假思索地回答："这种鸟叫白头翁。"诸臣中张昭年纪最大，又是一头白发，他以为诸葛恪是在借机取笑自己，就对孙权说："陛下，诸葛恪在骗人！从来没有听说过叫白头翁的鸟。如果真有白头翁，那是不是应该有白头母呢？"

诸葛恪立刻反驳道："鹦母这种鸟，大家一定都听说过吗？如果依老将军的话，那一定还有鹦父了，请问老将军能打到这种鸟吗？"张昭顿时无言以对。

因为气量狭小，张昭很难与人搞好关系。甘宁自降吴以后，急于立功，于是请求征黄祖、取刘表，并自请任先锋。孙权觉得可行，准备实施。张昭却不同意，甘宁很不高兴，反唇相讥道："国家以萧何之任付君，君屠守而忧乱，奚以希慕古人乎？"孙权看到这种情形，赶紧劝道："兴霸，今年兴讨，决意付卿，卿但当勉建方略，令必克祖则卿之功,何嫌张长史之言乎?"孙权虽然为二人解了围,但明显站到了甘宁一边。

从这件小事就可以看出,实际上,东吴众将不服张昭。后来,孙权果然令甘宁为先锋征黄祖,并大获全胜。

张昭之所以不能为相,还由于他的自大。张昭虽为东吴重臣,其实并没有什么雄才大略,但他却目中无人。东吴有大才者,首推周瑜,次为鲁肃,而他竟不把鲁肃放在眼里,他说:"鲁肃虽然薄才,可不够谦逊,年纪太轻处世经验不足,难堪大用。"

不仅如此,张昭的胆量也不够壮。汉献帝建安十三年秋,曹操率数十万大军南下,企图夺取江东,众武将欲战,而以张昭为首的文官却欲降。幸亏周瑜、鲁肃坚持,才在赤壁大败曹操。

除了直言忠谏外,张昭在其他方面恐怕没什么才能,而且因为气量小,不能够处理好与同僚的关系,所以若是任他为相,东吴上下必会君臣离心,四分五裂,所以他到最后也未能拜相。

像张昭一样的人在生活中并不少见,我们当然不能如此,也不必和这种人斗气,应以大度之心避免与其发生冲突,当然,若是他对你的人生发展产生了不良影响,那就巧妙地与之周旋,用策略来对付他。总之,我们切不可因气量狭小而破坏自己的人际关系,拖垮了成功,同时,对于那些令"听者有意"的事情,也应三思后行,尽量少做。

打开心胸，胸怀宽广海阔天空

男人应拥有一颗宽容心，宽容是一种风度、一种境界、一种魅力，也是一种宝贵的精神财富，一剂健心的良药。人与人之间的和谐，需要宽容来培育。谁拥有宽容，谁就拥有健康的心态、快乐幸福的一生。

第二次世界大战期间，一支部队在森林中与敌军相遇，经过一场激烈的战斗，有两名来自同一个小镇的战士与部队失去了联系。他们俩相互鼓励，相互宽慰，在森林里艰难跋涉。十多天过去了，仍然没有与部队取得联系，他们靠身上仅有的一点鹿肉维持生计。又经过一场激战，他们巧妙地避开了敌人。刚刚脱险，走在后面的战士竟然向走在前面的战士安德森开了枪。子弹打在安德森的肩膀上，开枪的战士害怕得语无伦次，他抱着安德森泪流满面，嘴里一直念叨着自己母亲的名字。安德森碰到开枪的战士发热的枪管，怎么也不明白自己的战友会向自己开枪。但当天晚上，安德森就宽容了他的战友。

后来，他们都被部队救了出来。此后的30年里，安德森假装不知道此事，也从不提及此事。安德森后来回忆起这件事时说，战争太残酷了，我知道向我开枪的就是我的战友，知道他是想独吞我身上的鹿肉，知道他想为了他的母亲而活下来。直到我陪他去祭奠他的母亲的那天，他跪下来求我原谅，我没有让他说下去，而且从心里真正宽容了他，我们又做了几十年的好朋友。

宽容就是以宽阔的胸怀和包容的心态，去面对任何人和事，宽容本身包含着谦逊。古人说，满招损，谦受益。宽容不仅是一种与人和谐相处的素质，一种时代崇尚的品德，更是吸纳他人长处、充实自我价值的良好思维品质。"宰相肚里能撑船"，既然要做一个能位于一人之下万人之上的人，必须具备一个必然的基础，那就是有一颗和常人不一样的博大胸怀。一个人要想获得成功，只有处处多为别人着想，将心比心，宽容别人，这样才会得到更多人的理解和支持，梦想才会更容易实现。

宽容心态的培养，主要在于把自己看作是一个平凡的人，把自己看作是社会中的一分子，想到能与他人相处共事是一种缘分，尽力消除以自我为中心的心理倾向，对世界心存感激，念及他人的优点和好处，让你的宽容心的波长和别人的波长一致。只有通过这种心的"广播电台"，你才能和别人交换信息和意见，并化敌为友，增添你人生中的朋友和伙伴。宽容和爱，这种人生感情只要肯付出给别人，终究会回报自己。

宽容别人，实际上是为了得到别人对你更多的宽容。当你具备海纳百川，有容乃大的心态时，你就能学习他人的长处，弥补自己的短处。那时，你的人生也会变得海阔天空。

气度越大，你就越有感召力

能否宽谅曾经反对过自己的人，是能否做到成功用人的一个重要方面。对于男人来说，要想吸引能人，做到成功用人，就必须要有宽大的胸怀，要具备宽谅反对者的素质。

杜兰特是一个玻璃制造商，拥有一家规模不大的企业——新英格兰玻璃公司。杜兰特与其他玻璃制造商一样，渴望公司能发展壮大，成为美国玻璃制造业的巨擘。而詹姆斯则是其玻璃公司一名普通的工人，同时还是当地颇有声望的工会领导人之一。

在一次罢工运动中，詹姆斯鼓动工人反对杜兰特，要求增加薪水，缩短工时并改善工作条件。这次罢工迫使杜兰特把公司迁往另一个城市，但杜兰特在把公司迁走时，不仅没有开除詹姆斯，反而把他和少数工人一起带到新厂所在地，并重用詹姆斯。

原来，在罢工期间，詹姆斯曾代表工会与杜兰特进行过谈判。在双方唇枪舌剑的交锋中，杜兰特发现詹姆斯不仅血气方刚、敢想敢说，同时还是一个在玻璃生产和技术改革方面不可多得的天才。詹姆斯除了要求公司改善职工待遇外，还激烈地批评了杜兰特在生产管理、技术革新等方面存在的问题。杜兰特认为，詹姆斯谙熟制造工艺，并对某些问题有独到见解，因而，他不仅没有因为詹姆斯带领工人与自己作对而怀恨在心，反而起了爱才之心。因此，他在搬迁公司时，特意带上了詹姆斯。

到了新的地方后，杜兰特开始注重发挥詹姆斯的才干，他不计前嫌的宽宏大度使詹姆斯深受感动，他们开始了真诚的合作。3个月后，詹姆斯向杜兰特提出了一连串的建议，并被杜兰特全部采纳，根据这些建议制定的措施使公司大受裨益。杜兰特也因此更赏识詹姆斯，委任他担任了部门的监工。两年后，再次提升他担任公司业务部门主管。

就这样，两个曾经在谈判桌上针锋相对的对手，变成了一对亲密无间的合作伙伴。此后，杜兰特一直不遗余力地在各方面支持詹姆斯对玻璃制造工艺的改进。而詹姆斯也不负厚望，他一次又一次成功的技术革新，使杜兰特的公司成为闻名全球的大型企业。

>>> **Chapter 4　豁达**
气度决定深度，男人的心胸都是委屈撑大的

一个男人是否具有不计前嫌的胸襟，直接关系到他能否纳才、聚才和用才，而且也关系他所带领的团队的发展前途。一个优秀的男人对于有才华的反对者就应以宽广的胸怀和大度的气量主动去接近、团结并启用他们，让他们感受到你的爱才之心和容才之量，从而使他们改变对你的态度，并愿意为你所用；同时，也让你更富有吸引别的优秀人才加盟的魅力。

成全别人，何尝不是成全自己

在中国几千年的历史文化中，成人之美俨然已经成为有德之人倍加推崇的一项做人准则，故孔子说："君子帮助别人成全好事，不帮助别人成全坏事，小人却正好相反。"在古代的君子们看来，"美事"未必非我不可，成他人之美亦是成我之美，而"成人之恶"则是一种罪大恶极的行为，誓为君子所不容。

君子之所以能够成人之美，是因为他们有着与人为善的宽阔胸怀，把别人的成功当成自己的成功，把别人的快乐当成自己的快乐。不成人之恶，是因为君子爱人以德，不愿看到别人受难遭殃，不愿看到别人落水翻船的不幸。而小人就不这样，总是喜欢成人之恶，不愿成人之美。比如别人落水，他就高兴；别人成功、快乐，他就满肚子的嫉妒、怨恨，甚至背后搞小动作，造谣中伤，这种君子和小人截然不同的分别，归结到一点，就是心态和思想境界的不同。

所谓君子成人之美，就是真正的有德之人，行事并不拘泥于世俗的条条框框，只要是有好结果的事情，他都会去竭力促成。这样的人，在人格得到升华的同时，亦会获得意想不到的收获。

唐朝时期，有一才子名叫谢原，其人擅辞赋，犹以歌词见长，所作歌词广泛流传于民间。

有一年，谢原应张穆王之邀，前去做客。席间，张穆王命小妾谈氏隔帘弹唱，事有凑巧，谈氏所唱之曲，正是谢原的一首竹枝词。张穆王见谢原听得如痴如醉，便将谈氏请出与之相见。

谢原见谈氏风华绝代，又对自己的词作甚为推崇，遂心生爱慕之情。于是，他起身说道："能闻夫人弹唱拙词，在下不胜荣幸，但夫人所唱之词，实为在下粗浅之作，恐辱没夫人。我当竭心再作几首好词，以备府上之需。"

翌日，谢原即奉上新词八首，谈氏将其逐一谱曲弹唱，谢原更感相见恨晚。此后数日，谢原与谈氏词曲往来，情愫渐生。终于有一日，谢原隐忍不住，向谈氏道出了渴慕之情。谈氏虽亦有意，但无奈已为人妾，身不由己。

于是，谢原甘冒杀头之罪，请求张穆王成全他二人。

正常情况下，若换作别人，必然拍案而起、动雷霆之怒。然而，张穆王却一笑了之："其实我亦有此意！虽然心中尚有几分不舍，但你二人一擅作词，一擅谱曲，珠联璧合，实乃天造地设的一对！"

谢原万没有想到张穆王竟如此大度，不禁感恩戴德。为作报答，他将此事写成词，由谈氏谱曲，二人四处传唱。不多时，张穆王成人之美的美名，便在中原大地上传唱开来，很多有识之士闻讯都前来投奔。

张穆王的气度与胸怀为他赢得了天下才子的"芳心"，更赢得了千载的美名，显然，他是非常睿智和高明的。我们做人亦应以此为榜样，当然,未必要让妻这么夸张。打个比方,譬如某个下属无意间犯了无足轻重的错误,我们最好不要抓住不放、小题大做、四处宣扬,不妨就睁只眼闭只眼,成人之美,这样自会起到"润物细无声"的效应。

其实这世上本无完人,所以他人有过,我们没有必要苛责。尤其在用人之时,更要扬人之长,避人之短;对有过失的人,哪些能用,哪些不能用,要因人而异,不可一概而论,更不能求全责备,以短盖长。现实生活中,对人同样如此。也只有这样,才能让许多有才能、有个性的人团结在你的周围,帮助你成就事业。

诚然,古君子的思想放在"计划没有变化快"的当代社会,或许会有几分偏颇。但其本质上的要义于我们修身养性、为人处世还是有很大益处的。当有人冒犯我们时,只要不是出自恶意、不是重大原则性的问题,我们完全可以糊涂一点,取其大节,宥其小过,以春雨润物之势俘获对方的身心,这显然会令你收获颇丰。

收服敌人才是对他最好的消灭

面对"敌人",大多数人的看法是毫不留情地把他消灭掉,因为对敌人的仁慈,就是对自己的残忍。这话听起来很有道理。但事实并非绝对如此,正如一位哲人所说的:"我们的成功,也是我们的竞争对手造成的。"所以在一定的情况下,要用宽容的眼光去对待"敌人",用宽容来"消灭"他。

林肯当选为美国总统后,他对政敌的态度引起了一位官员的不满。这位官员批评林肯说:"你为什么试图跟那些敌人做朋友?你应该想办法去打击他们,去消灭他们才对。"林肯平静而温和地说:"难道我不是在消灭我的敌人吗?当他们变成我的朋友时,就没有敌人存在了。"

在怎样消灭敌人这件事情上,还有一个人的做法与林肯较为相似,这个人就是拿破仑。

拿破仑对面前的任何障碍都狂怒异常,对待任何胆敢抗拒他的意志的人都严厉无情,可当他获胜时这种态度就全然改变了。他对败军极为仁慈,他真诚地怜悯他们。他经常对手下的人说:"一个将领在打了败仗那天是多么可怜。"

以下是一则拿破仑宽容敌人的故事:

有两名英军将领从凡尔登战俘营逃出,来到布伦。因为身无分文,只好在布伦停留了数日。这时布伦港对各种船只看管甚严,他们简直没有乘船逃脱的希望。

对家乡的热爱和对自由的渴望,促使这两名俘虏想了一个大胆而冒险的办法,他们用小块木板制成一只小船,准备用这只随时都可能散架的小船横渡英吉利海峡,这实际上是一次冒死的航行。当他们在海岸上看到一艘英国快艇,便迅速推出小船,竭力追赶。但他们离岸没多久,就被法军抓获。

这一消息传遍整个军营,大家都在谈论这两名英国人的非凡勇气。拿破仑获悉后,极感兴趣,命人将这两名英军将领和那只小船一起带到他面前。他对于这么大胆的计划竟用这么脆弱的工具去执行感到非常惊异,他问道:"你们真的想用这个渡海吗?""是的,陛下。如果您不信,放我们走,您将看到我们是怎么离开的。"

"我放你们走,你们是勇敢而大胆的人。无论在哪里,我见到有勇气的人就钦佩。但是你们不应用性命去冒险。你们已经获释,而且,我们还要把你们送上英国船。你们回到伦敦,要告诉别人我如何敬重勇敢的人,哪怕他们是我的敌人。"

拿破仑赏给这两个英军将领一些金币,放他们回国了。

许多在场的人都被拿破仑的宽宏大量惊呆了。只有拿破仑知道,他的士兵们将从这番话中受到怎样的鼓舞,他的人民将如何赞扬他的宽容无私。他似乎已经听到了士兵们震天的呼声以及巴黎激动的口号。

哲学家卡莱尔说:"伟人往往是从对待别人的失败中显示其伟大的。"用豁达宽容的性格去对待你的"敌人",这样就会表现出你的与众不同之处,也正因为你闪光的人性,使你能得到别人的信任和敌人的佩服,这样你就既赢得了他们的心,也取得了最高层次的胜利。

给对手祝福,彰显你的大家风度

在这个社会生存,竞争和斗争都是我们无法逃避的现实。如果在竞争中你失败了,那是极为正常的事。如果你在失败之后对对手怀恨在心,并伺机报复,对你自己并没有任何好处。

人和动物有些方面是不同的,动物的所有行为都依其本性而发,属于自然的反应;但人不同,经过思考,人可以依当时需要,做出各种不同的行为选择。例如:对你的对手表现一下大将风度,这是件很难做到的事,因为绝大部分人看到"对手",都会有灭之而后快的冲动,或环境不允许或没有能力消灭对方，至少也保持一种冷淡的态度，或说说让对方不舒服的嘲讽话，可见要表现一种大将风度是多么的难。

就因为难，所以人的成就才有高下之分，有大小之分。也就是说，能当众祝福对手的人，他的成就往往比不能爱对手的人高大。

1991年11月3日夜，美国大选揭晓。当选总统克林顿在竞选总部楼前他的支持者们的聚会上即席演说，先是言辞恳切地感谢昨天还在互相唇枪舌剑、猛烈攻击的主要政敌现任总统布什，感谢布什从一名战士到一位总统期间为美国做出的出色服务，并呼吁布什和另一位对手佩罗及其支持者与他团结合作，在未来四年重造美国，在全面振兴美国的大变革中继续忠诚地服务于祖国。

而远在异地的布什则打电话祝贺克林顿成功地完成了一场"强有力的竞选"，还调侃地告诫克林顿："白宫是个累人的地方。"并保证他本人和白宫各级人士将全力以赴地与克林顿的班子合作，顺利完成交接工作。与此同时，与布什连任的搭档丹·奎尔副总统也在他的家乡高呼："感谢印第安纳，我还会再回来的。"

竞选的成功与失败，对于他们来说欢乐与悲哀都是不言而喻的。但在现实面前，他们毕竟保持了高度的理智，表现了超然的风度。

能爱自己的敌人的人是站在主动的地位，采取主动的人是"制人而不受制于人"。你采取主动，不只迷惑了对方，使对方搞不清你对他的态度，也迷惑了第三者，搞不清楚你和对方到底是敌是友，甚至有误认为你们已"化敌为友"的可能。可是，是敌是友，只有你心里才明白，但你的主动，却使对方处于"接招""应战"的被动态势。如果对方不能也"爱"你，那么他将得到一个"没有器量"的评语，一经比较，二人的分量立即有轻有重。所以当众祝福你的敌人，除了可在某种程度之内降低对方对你的敌意之外，也可避免恶化你对对方的敌意。换句话说，为敌为友之间，留下了条灰色地带，免得敌意鲜明，反而阻挡了自己的去路与退路。

此外，你的行为也将使对方失去再对你攻击的立场，若他不理你的祝福而依旧攻击你，那么他必招致他人谴责。

可见，对对手表示你的友好是多么绝妙的一招棋。这个世界没有永远的敌人也没有永远的朋友。适当表现你的友好是一种可进可退的竞争法则，也显示了你过人的风度。所以，不要让对手看到你因愤怒而失礼的那一面。如果是那样，你在气势上就先输给了对方。

原谅曾经背离你的那些人

人，都喜欢锦上添花，所以当你一帆风顺、蒸蒸日上的时候，有很多人愿意接近你。

人，本性里是趋利避害的，所以当你遇到困难、举步维艰的时候，很多人可能会离开你。

如果有人背叛了你，离开了你，不要抱怨，不要责怪人情薄凉。对于曾经接近你的人，我们要感谢，因为他们给我们的"锦上"添了"花"；对于困难时离开的人，我们也要表示感谢，因为正是他们的离开，给我们泼了一盆足以清醒的冷水，让我们在孤独中重新审视自己，发现自己的危机，让我们有了冲破樊篱、更进一步的动力。

周庆龙与郭娜相恋7年有余，按照原来的约定，他们本该在今年携手走进婚姻殿堂的，但是，就在婚前不久，郭娜做了"落跑新娘"，她留下一纸绝情书，与另一个男人去了天涯海角。

　　了解周庆龙的人都知道，他与郭娜之间的爱情九曲十八弯，甚至有些荡气回肠。

　　周庆龙英俊帅气，风度翩翩，在香港科技大学完成学业以后，就回到了父亲创办的公司担任部门经理，管理着一个重要部门，由一位追随父亲多年的叔伯专门负责培养他、指导他。他行事果敢，富有创新意识，这个部门在他的管理下越发出色起来。

　　这个时候，追求他的姑娘、前来提亲的人家简直多的让人眼花缭乱，其中不乏当地的名门名媛，但他一一礼貌地回绝了，却唯独对来自农村的郭娜情有独钟。

　　那个时候的郭娜不但长相甜美，而且思想单纯，相比都市里雪月风花、汲于名利的女人们，她恰似一朵雪莲花不胜寒风的娇羞，这份纯朴的美让周庆龙十分醉心。

　　然而，受中国传统门当户对思想的影响，周庆龙的父母对于这种结合并不认同，周庆龙为此与家人无数次理论过，甚至愿意为郭娜放弃现在的一切，只求抱得美人归。在他的坚定坚持下，周父周母终于妥协了。

　　由于郭娜的身体一直不好，医生建议他们5年之内最好不要结婚，周庆龙只能把婚期向后推迟，5年来，他一直精心照顾着郭娜，给了她无微不至的关爱，郭娜的身体渐渐好了起来。

　　随后，为了郭娜的事业，周庆龙又强忍着心中的寂寞，出资安排她去国外学习企业管理。在这7年多的交往中，可以说一个男人能做的，周庆龙几乎都做到了。

　　2007年，受国家货币政策影响，再加上人民币不断升值，周家的公司受到了很大冲击。很快，公司的利润被压迫在一个很小的空间，后来，干脆成了赔本买卖。无奈之下，周父只能申请破产。周庆龙也由一个白马王

>>> **Chapter 4　豁达**
气度决定深度，男人的心胸都是委屈撑大的

子变成了失业青年。

任谁也没想到的是，就在周庆龙最困难的时候，哪个他曾给予无数关爱，哪个他愿意为之付出一切，哪个曾与他海誓山盟的女孩，决绝地提出分手，跟着一个英国男人去国外"发展"了。

公司破产，周庆龙并没有多么难过，因为他觉得凭自己的能力，有朝一日一定可以帮助父亲东山再起，因为他觉得即便自己变成了一个穷小子，但至少还有一个非常相爱的女朋友。但是现在，他真的觉得自己一无所有了，曾有那么一段时间，周庆龙非常颓废。

一个人独处的时候，周庆龙反复问自己，"我那么爱她，她为什么在这个时候离开我?！"最后，他不得不接受一个残酷的事实——她太功利了，她不会跟一个身无分文的穷小子过一辈子。究竟是她变了，还是原本就如此，此刻已不重要。重要的是，接下来该做些什么。

冷静之后，周庆龙意识到，自己必须努力了，否则才是真的一无所有。女友无情的背离也让他对爱情有了新的认知，他懂得了，爱并不是一厢情愿的冲动，有的人并不值得去爱，也不是最终要爱的人，所以放手，放任她离开，但不要带着怨恨，那只会让自己的内心永远不得安歇，为那个不爱自己的人徒留下廉价的伤感而已。

不久之后，周庆龙找到了父亲的一位老朋友，并以真诚求得了他的资助。用这笔资金，周庆龙在上海创办了一家投资公司，他又是学习取经，又是请高人管理，公司很快就走上了正轨，现在，周庆龙又积累了不菲的一笔财富。

在那位叔父的撮合下，周庆龙又结识了一位从法国留学归来的美丽姑娘，两个人一见钟情，很快确定了恋爱关系，双方的父母也都对彼此非常满意。

如果当初那个女人不离开他，或许周庆龙就不会有如此大的动力，正是这种危机感鞭策着他必须去努力，似乎是为了证明些什么，但其实更是为了他自己。

曾经受过伤害的男人，在孤独中复苏以后，会活的比以往更开心，因为那些人、那些事让他认清自己，同时也认清了这个世界。所以，如果有人曾经背弃了你，无论他是你的恋人还是朋友，别忘了对他说声"谢谢"，因为正是因为这背离，才让你更坚强，更懂得如何去爱，也更懂得如何保护自己。

有些痛，男人只能留给自己

如果我有一块糖，分给你一半，就有了两个人的甜蜜。如果你我都有一份痛，全部交给我来担，我一个人痛，就足够了。

他和她青梅竹马，自然相爱。

20岁那年，他应征入伍，她没去送他，她说怕忍不住不让他走，她不想耽误他的前程。

到了部队，不能使用手机，他与她之间更多的是书信往来，鸿雁传情。每一次看到她的信，他都在心里对自己说：等着我，我一定风风光光娶你进门，与子偕老，今生不弃。

三年的时间可以模糊很多东西，却模糊不了他对她的思念。可是突然有一天，她在信中对他说：我们分手吧！我已经厌倦了这种生活，真的厌倦了！

> >> **Chapter 4　豁达**
> 气度决定深度，男人的心胸都是委屈撑大的

他不相信，不相信这是真的，他甚至想马上离开部队，回去让她给自己一个解释，可是，那样做就是逃兵啊！

所有的战友都劝他："我们的职责虽然是光荣的，但对于自己的女人来说却是痛苦的。我们让女人等了那么多年，若日后真的荣归故里还好，若不能出人头地，还要让她跟着受苦吗？所以分开了也好。你得看开些，如果实在看不开，等退伍了，兄弟们陪你一起去，向她问个明白。"

退伍那天，他什么都顾不得做，第一时间赶回了家乡，只想快点见到她，问她一句：为什么。可是见到她的哪一刻，他彻底心冷了。他不愿相信却又不得不相信，她已嫁做人妻且已为人母，原来，她早忘了他们间的爱情。

然而一个偶然让他发现，原来，他曾经送给她的东西，她一样没丢，至今保存。他找到她，想知道为什么，为什么明明没有忘记他，却嫁给他人。在他苦苦的询问与哀求之下，她终于倒出了事情的真相。

原来，有一次她去参加朋友的聚会，喝多了酒，他现在的老公曾经是她的追求者，主动送她回家，就在她家的小区里，他们遇到了一位酒驾的业主，他猛地推开她，她无甚大碍，他却残了一条腿。她说："所以，我宁愿嫁给他，照顾他一辈子。只是没想到这份感情里，伤得最深的还是你。"

他沉默了，没有说话。只是静静地听着，就像听故事一样。

他默默地转身走了，烧毁了她送给他的一切，不是绝情，只是想把她彻底忘记。他知道她心里也有痛，他不能在她的心里再撒盐，这种痛，他一个人来忍受，就足够了。

一段感情的终止也许只是一个误会，但事实已成便无法挽回。也许对方心里也有痛，只是你当时没有理解，他的心情你无法揣摩。可是事情已

成定局，那么剩下的不该是用你最后的勇气去祝福他吗？

把相恋时的狂喜化成披着丧衣的白蝴蝶，让它在记忆里翩飞远去，永不复返，净化心湖。与绝情无关——唯有淡忘，才能在大悲大喜之后炼成牵动人心的平和；唯有遗忘，才能在绚烂已极之后炼出处变不惊的恬然。将爱情封锁在两个人的容器里，摆脱"空气"的影响，说不定更是一种痛苦。

爱你的人如果没有按你所希望的方式来爱你，那并不代表她没有全心全意地爱你。有些时候，爱情里确实存在着迫不得已。如果真的不能执手偕老，那么放开你的手，让她幸福。如果一定要痛，那么男人，你一个人痛就够了。

Chapter 5
原 则

**底线决定上限，
骄傲的灵魂自有他的生命和思想**

一个没有原则的男人就像一艘没有舵和罗盘的船，他会随着风的变化而随时改变自己的方向，永远到达不了美丽的彼岸。每个男人都应该保持本色，坚守做人的原则，不忘我们做人之根本，这是男人在这个世上立足立身之基础所在。

没有原则的男人,不是男人

不能坚持自己原则、谨守自己底线的人,就好像墙上的无根草,随风飘摆不定,找不到自己的方向。这样的男人,是得不到别人信任的,更谈不上成功。如果一个男人自己都不确定想要什么,不要什么,别人又怎么给他呢?所以说作为男人,不要为了谋取小功小利而不择手段,甚至放弃自己的最后一项原则。一旦原则丧失,未来就只能任凭别人的摆布与欺骗。

国外某城市公开招聘市长助理,要求性别为男。经过多番角逐,一部分人获得了参加最后一项"特殊考试"的权利,这也是最关键的一项。那天,他们云集在市府大楼前,轮流去办公室应考,这最后一关的考官就是市长本人。

第一个男人进来,只见他一头金发熠熠闪光,天庭饱满,高大魁梧,仪表堂堂。市长带他来到一个特建的房间,房间的地板上洒满了碎玻璃,尖锐锋利,望之令人心惊胆寒。市长以威严的口气说道:"脱下你的鞋子!将桌子上的一份登记表取出来,填好交给我!"男人毫不犹豫地将鞋子脱掉,踩着尖锐的碎玻璃取出登记表,并填好交给市长。他强忍着钻心的痛,依然镇定自若,表情泰然,静静地望着市长。市长指着大厅淡淡地说:"你可以去那里等候了。"男人非常激动。

市长带着第二个男人来到另一间特建房间,房间的门紧紧关着。市长

Chapter 5 原则
底线决定上限，骄傲的灵魂自有他的生命和思想

冷冷地说："里边有一张桌子，桌子上有一张登记表，你进去将表取出来填好交给我！"男人推门，门是锁着的。"用脑袋把门撞开！"市长命令道。男人不由分说，低头便撞，一下、两下、三下……头破血流，门终于开了。男人取出登记表认真填好，交给了市长。市长说道："你可以去大厅等候了。"男人非常高兴。

就这样，一个接一个，那些身强体壮的男人都用意志和勇气证明了自己。市长表情有些凝重，他带最后一个男人来到特建房间，市长指着房间内一个瘦弱老人对男人说："他手里有一张登记表，去把它拿过来，填好交给我。不过他不会轻易给你的，你必须用铁拳将他打倒……"男人严肃的目光射向市长："为什么？""不为什么，这是命令！""你简直是个疯子，我凭什么打人家？何况他是个老人！"

男人气愤地转身就走，却被市长叫住。市长将所有应考者集中在一起，告诉他们，只有最后一个男人过关了。

当那些伤筋动骨的人发现过关者竟然没有一点伤时，都惊愕地张大了嘴巴，纷纷表示不满。

市长说："你们都不是真正的男人。"

"为什么？"众人异口同声。

市长语重心长地说道："真正的男人懂得反抗，是敢于为正义和真理献身的人，他不会选择唯命是从，做出没有道理的牺牲。"

我们是不是应该从中感悟到点什么？男人的成功离不开交往，交往离不开原则。只有坚持原则的男人，才能赢得良好的声誉，他人也愿意与之建立长期稳定的关系。坚持原则还使男人拥有正直和正义的力量，使我们有能力去坚持自己认为正确的东西，在需要的时候义无反顾，并能公开反对我们确认是错误的东西。

坚持原则还会给我们带来许多，诸如友谊、信任、钦佩和尊重等等。

人类之所以充满希望，其原因之一就在于人们似乎对原则具有一种近于本能的识别能力，而且不可抗拒地被它所吸引。

那么，怎样才能做一个坚持原则的男人呢？答案有很多，其中重要的一个是：要锻炼自己在小事上做到完全诚实。当你不便于讲真话的时候，不要编造小小的谎言，不要在意那些不真实的流言蜚语，不要把个人的电话费用记入办公室的账上，等等。这些听起来可能是微不足道的，但是当你真正在寻求并且开始发现它的时候，它本身所具有的力量就会令你折服。最终，你会明白，几乎任何一件有价值的事，都包含着它自身不容违背的内涵，这些将使你成功做人，并以自己坚持原则为骄傲。

你本性中的魅力才最让人欣赏

凡尘俗世的纷繁芜杂使我们渐染失于心性的杂色。每一次的呈现都多了一点修饰，每一次的语言都少了一分真实。习惯于疲惫的伪装，总以为这样就可以赢得更多，过得更好。蓦然回首，那些希冀着的，仍需希冀，那些渴盼着的，仍需渴盼。唯独改变了的是自己的本性。扪心自问："我是否在意过自己最真实的内心世界？尊重过自己的本性？"心会告诉你那个最真实的答案。有多少人曾想过改变自己，以追逐想要的一切，到头来才发现，自己做了一个邯郸学步的寿陵少年，不仅没有得到自己想要的，还丢了自己最初拥有的。那么，当初为什么就不能尊重自己的本性，做那个最真的自己？

Chapter 5 原则
底线决定上限，骄傲的灵魂自有他的生命和思想

更多的时候，我们总把眼光放在外界，追逐于自己所想的美好事物，常常忽视了自己的本性，在利欲的诱惑中迷失了自己。所以才终日惶惶，患得患失。如果能明白自己的本性，坚守自己的心灵领地，又何必自悔自恼呢？

诗人卞之琳写道："你站在桥上看风景，看风景的人在楼上看你。"带着妻儿到乡间散步，这当然是一道风景；带着情人在歌厅摇曳，也是一种情调；富商大贾静下心来，有时会羡慕那些路灯下对弈的老百姓，可是平民百姓没有一个不期盼来日能出人头地的；拖家带口的人羡慕独身的自在洒脱，独身者却又对儿女绕膝的那种天伦之乐心向往之……

皇帝有皇帝的烦恼，乞儿有乞儿的欢乐。乞儿的朱元璋变成了皇帝，皇帝的溥仪变成了平民，四季交错，风云不定。一幅曾获世界大赛金奖的漫画画出了深意：第一幅是两个鱼缸里对望的鱼，第二幅是两个鱼缸里的鱼相互跃进对方的鱼缸，第三幅和第一幅一模一样，换了鱼缸的鱼又在对望着。

我们常常会羡慕和追求别人的美丽，却忘了尊重自己的本性，稍一受外界的诱惑就可能随波逐流，事实上，每一个人都有自己独有的优点和潜力，只要你能认识到自己的这些优点，并使之充分发挥，你就能成为最好的自己。

王羲之伯父王导的朋友太尉郗鉴想给女儿择婿。他知道丞相王导家的子弟个个相貌堂堂，于是请门客到王家选婿。王家子弟知道之后，一个个精心修饰，规规矩矩地坐在学堂，看似在读书，心却不知飞到哪儿去了。唯有东边书案上，有一个人与众不同，他还像平常一样很随便，聚精会神地写字，天虽不热，他却解开上衣，露出了肚皮，并一边写字一边无拘无束地吃馒头。当门客回去把这些情形如实告知太尉时，太尉一下子就选中了那个不拘小节的王羲之。

结果如此，是因为太尉认为王羲之是一个敢露真性情的人。他尊重自己的本性，不会因外物的诱惑而屈从盲动，这样的人可成大器。

所以，做人没有必要总是做一个跟从者，一个旁观者，只需知道自己的本性就足可以成为一道风景。不从外物取物，而从内心取心，先树自己，再造一切，这才是你首先要做的。

男人，不能活在别人的意愿里

陆明曾经是个活泼开朗的男孩，喜欢冒险、旅游，大学学的是电子信息工程，但是他毕业以后，父母却托人把她安排到了一个机关工作。

这份工作在外人看来是不错的，收入高，福利也很好。但陆明觉得机关的工作枯燥乏味，整天闷在办公室里，简直快把人憋疯了，他每天都迫不及待地要回家。可是回到家心情也不好，看见什么都烦，本来想着自己的女友会安慰安慰自己，可是偏偏女友又是个沉默寡言、没有主见的姑娘，向她诉苦，她最多说："父母给你找这么一份好工作不容易，还是先干着吧。"

陆明很郁闷，工作没多久，他的性格就变了，整日郁郁寡欢。就这样一年又一年，陆明越来越觉得自己的人生毫无意义，他不止一次问自己：我活着究竟为了什么？没有理想、没有目标，他都不知道自己多久没有真心的笑过了。

男人，到底是为了什么而活？为了父母？为了钱？还是为了爱情？事实上，男人也应该是为自己而活。人一生的时间有限，所以不应该一味为别人而活，不应该被教条所限，不应该活在别人的观念里，不应该让别人的意见左右自己内心的声音。最重要的是，应该勇敢地去追随自己的心灵和直觉，只有自己的心灵和直觉才知道自己的真实想法，而其他一切都是次要。

如果自我感丧失，那么生活将是苦不堪言的，没有自我的人生必然索然无味，一个男人若是失去了自我，就没有了做人的尊严，更不能获得别人的尊重。人活着就是为了实现自己的价值，按照自己的意愿去活，不去迎合别人的意见。每个人都应该坚持走为自己开辟的道路，不为流言所吓倒，不受他人的观点所牵制。

毫无疑问，这是有一定困难的，如果今天周围的压力令你感到难过，那么你是无法完全摆脱这种压力的，人与人之间的影响毕竟存在。但是，不要因此就屈服，活在别人的意愿里，因为这并不表示你自己的"疆界"就已经宣告结束，你也用不着把你的疆界缩小。在你心中，也许有些力量正在你内心深处冬眠，等着你在适当的机会发掘及培养。

放弃顺从，才能够与众不同

听取和尊重别人的意见固然重要，但男人无论何时不要人云亦云，做别人意见的傀儡，否则不但会在左右摇摆不知所往中身心疲惫，失去许多可贵的机会，而且还会丢失自己。

有个男人一心想升官发财,可是从年轻熬到白头,却还只是个小职员。这个人为此极不快乐,每次想起来就掉泪。

一位新同事觉得很奇怪,变问他到底为什么难过。他说:"我怎么能不难过?年轻的时候,我的上司爱好文学,我就学着作诗、学写文章,想不到刚觉得有点小成绩了,却又换了一位爱好科学的上司。我赶紧又改学数学、研究物理,不料上司嫌我学历太低,不够老成,还是不重用我。后来换了现在这位上司,我自认文武兼备,人也老成了,谁知上司又喜欢青年才俊,我……我眼看年龄渐高,就要退休了,一事无成,怎么不难过?"

活着应该是为了充实自己,而不是为了迎合别人的旨意。没有自我的人,总是考虑别人的看法,这是在为别人而活着,所以活得很累。当然,我们绝无可能孤立地生活在这个世界上,几乎所有的知识和信息都要来自别人的教育和环境的影响,但你怎样接受、理解和加工、组合,是属于你个人的事情,这一切都要独立自主地去看待、去选择。谁是最高仲裁者?不是别人,而是你自己。歌德说:"每个人都应该坚持走为自己开辟的道路,不被流言所吓倒,不受他人的观点所牵制。"让人人都对自己满意,这是个不切实际、应当放弃的期望。

我们周围的世界是错综复杂的,我们所面对的人和事总是多方面、多角度、多层次的。我们每个人都生活在自己所感知的经验现实中,别人对你的反映大多有其一定的原因和道理,但不可能完全反映你的本来面目和完整形象。别人对你的反映或许是多棱镜,甚至有可能是让你扭曲变形的哈哈镜,你怎么能期望让人人都满意呢?

如果你期望人人都对你看着顺眼、感到满意,你必然会要求自己面面俱到。不论你怎么认真努力,去尽量适应他人,能做得完美无缺,让人人都满意吗?显然不可能!这种不切实际的期望,只会让你背上一个沉重的包袱,顾虑重重,活得太累。

>>> Chapter 5　原则
底线决定上限，骄傲的灵魂自有他的生命和思想

我们无法改变别人的看法，能改变的仅是我们自己。每个人都有每个人的想法，每个人都有每个人的看法，不可能强求统一。我们应该把主要精力放在踏踏实实做人上、兢兢业业做事上、刻苦学习上。改变别人的看法总是艰难的，改变自己总是容易的。

有时自己改变了，也能恰当地改变别人的看法。光在乎别人随意的评价，自己不努力自强，人生就会苦海无边。

男人的事情当然要自己做主

很多人，从小就被父母构建起的牢笼给困住了，父母一直是这样告诉我们的：男人要成功，要挣大钱，出人头地、衣锦还乡。这本没有什么不妥，只是我们因此习惯性地被"父母之命"锁死，因而从填写高考志愿到找工作、从谈恋爱到结婚，几乎都在看着父母脸色。由此可能带来的后果是：你一直在从事着一项自己并不喜欢的工作，枯燥无味；你娶了一个自己并不想嫁娶的人，同床异梦。当然，还有更多，你可能习惯了由别人替你做主，无论是你的父母还是爱人、上司、同事、朋友，甚至有可能是你的孩子。可是，人生是你自己的，道路也是你自己的，怎样走应该是你自己的事，如果你把决定权交给了别人，就等于放弃了对人生的控制，这不但愚蠢，而且还是很危险的事情。

那时，她还是小女孩。有一次母亲带她一起整理鞋柜，鞋柜里脏乱不堪，有的鞋子已经变形和开裂得丑陋不堪，尤其是父亲的那双鞋，还散发

着一种难闻的汗臭味,她便建议母亲扔掉那些鞋子。可母亲抚摸一下她的头发,说:傻丫头,这些鞋都是有特殊意义的。随后,母亲拿起一双浅口红皮鞋,满脸的幸福和温情,回忆起和她父亲的相识:

17岁那年,我遇到你父亲,拿不定主意是否嫁给他,我的母亲说,那就要他给你买双鞋吧,从男人买什么样的鞋就能看出他的为人。我有点不相信,直到他将这双红皮鞋送到我跟前。母亲说,红色代表火热,浅口软皮代表舒适,半高跟代表稳重,昂贵的鳄鱼皮代表他的忠诚,放心吧,这是一个真爱你的男人。

从那以后,她开始珍惜父母送给她的每一双鞋子,当她成为拉普拉塔大学法律系的一名学生时,她已经收藏了好多双不同款式的高跟鞋。而法律系有一个来自南方的青年,英俊潇洒,口才超群,悄然地走入她这位怀春少女的心田,终于在大三时两人捅破了相隔的那层纸,将同窗关系发展为恋爱关系。她陶醉在甜蜜的爱情之中,被这火热的感情所鼓舞,于是带着如意情郎去见父母。母亲对这个邮政工人的儿子能否给女儿的未来带来幸福表示怀疑,侧在女儿耳边轻轻对女儿说:"让他给你买双鞋看看吧!"她觉得是个好主意,就照办了。

然而,傻乎乎的情郎不知是测试,想既然是为恋人买鞋就得尊重她的意见,硬拖着屡次推却的情人一起去。然而买鞋那天,平时喜欢滔滔宏论的她始终一声不吭,结果两人逛了大半天都毫无所获。最后,他们来到一家欧洲品牌鞋店,有两双白色皮鞋看上去不错,他知道意中人喜欢白色,于是柔声问她:"你想要高跟的,还是平跟的?"她心不在焉地随口答道:"我拿不定主意,你看哪双好呢?"他略加思索后,说:"那就等你想好了再来吧!"于是,他拉着怏怏不乐地她,离开了。

几天后,他非常认真地问她:"想好买哪双了吗?"她依然是漠不关心地说没有。熬着,熬着,这"木头"情郎终于"开窍"了,说出了她期待

>>> Chapter 5 　原则
底线决定上限，骄傲的灵魂自有他的生命和思想

已久的话："那就只好让我替你做主了！"她兴奋地等待了3天，终于等到了他的礼物，不过他吩咐她不要当面打开。

晚上，她将鞋盒抱回家，和母亲一起怀着激动的心情将礼物打开，出现在眼前的两只鞋居然是一只高跟一只平跟。她气得脸色发青，恨恨地咬着牙齿，　地一声关上闺门，蒙在被子里号啕大哭起来。她的父亲也勃然大怒："明天约他来吃晚餐，看他如何解释，我女儿可不是跛子！"

第二天，他应邀登门，面对质问，却不慌不忙地说："我想告诉我心爱的人，自己的事情要自己拿主意，当别人做出错误的决定时，受害者就会是自己。"随后，他从包里拿出另外两只一高一矮的鞋子，说："以后你可以穿平跟鞋去看足球，穿高跟鞋去看电影。"父亲在女儿的耳边悄声而激动地说："嫁给他！"

"木头"情郎叫费尔兰多·基什内尔。2003年当选为阿根廷总统，而她就是第一夫人克里斯蒂娜·赞尔兰。2007年12月10日，克里斯蒂娜从卸任阿根廷总统的丈夫手中接过象征总统权力的权杖，成为阿根廷历史上第一位民选女总统，他们夫妇交接总统权杖，成为现代历史上第一例。

不要总是让别人替你做主，包括你的父母，因为一旦你为别人的看法所左右时，你已沦为别人的奴隶。永远只作自己的主人，这样才能做到自尊自爱。

男人，当现实需要考验你内心的智慧时，记住：一定要去尝试自己想要尝试的东西。相信自己的直觉，不要让别人的答案扰乱你的计划。如果自己感觉很好，就跟着感觉走吧，否则你永远不会知道结局有多么美好。不要让别人的议论淹没你内心的声音，包括你的想法和你的直觉。因为它们已经知道你的梦想，别的一切都是次要的。

建议可以考虑，但别当成旨意

有一名中文系的学生，用心撰写了一篇小说，请作家批评。因为作家正患眼疾，学生便将作品读给作家听。读到最后一个字，学生停顿下来。作家问道："结束了吗？"听语气似乎意犹未尽，渴望下文。这一追，煽起学生的激情，立刻灵感喷发，马上接续到"没有啊，下部分更精彩。"他以自己都难以置信的构思叙述下去。

到达一个段落，作家又似乎难以割舍地问："结束了吗？"

小说一定摄魂勾魄，叫人欲罢不能。学生更兴奋，更激昂，更富于创作激情。他不可遏止地一而再再而三地接续、接续……最后，电话铃声骤然响起，打断了学生的思绪。电话里有急事，作家便匆匆准备出门。

"那么，没读完的小说呢？"学生问。

"其实你的小说早就该收笔了，在我第一次询问你是否结束的时候，就应该结束。何必画蛇添足、狗尾续貂呢？该停则止，看来，你还没把握情节脉络，尤其是缺少决断。决断是当作家的根本，否则，绵延逶迤，拖泥带水，如何打动读者？"

学生追悔莫及，自认性格过于受外界左右，作品难以把握，恐不是当作家的料。

很久以后，这名年轻人遇到另一位作家，羞愧地谈及往事，谁知作家惊呼："你的反应如此迅捷、思维如此敏锐、编造故事的能力如此强盛，

Chapter 5　原则
底线决定上限，骄傲的灵魂自有他的生命和思想

这些正是成为作家的天赋呀！假如正确运用，作品一定脱颖而出。"

两位作家，究竟谁说的是对的呢？其实，凡事没有一定之论，谁的"意见"都可以参考，但永远不要丢失自己的"主见"，不要让他人的话成为自己前进的障碍。

如果听从大家的意见，陈天桥可能还在国企一点一点地晋升着，也就不会出现后来我们知道的盛大传奇。

很多男人正是因为接受了自己的意见，才走上了与众不同的道路，虽然未必是坦途，却用自己的方式独立思考未来，充满惊喜和进步，活出了另一片天地。

多年前，在日本福冈县立初中的一间教室里，美术老师正在组织一场绘画比赛，同学们都在认真地按照要求画着画，只有一个小家伙缩在教室的最后一排。他实在不喜欢老师定的命题，于是便信手涂鸦起来。

到了上交作品的时间了，老师看着一张张作品，不住地点头，他深为自己的教育成果感到满意，作品里已经有了学生们自己的领悟，可以说，是对日本传统画作的继承和发展。

但唯有一张画让他大跌眼镜，作者是个叫臼井的家伙，老师的目光从画作上移到了最后一排，接着看见这个名不见经传、有些另类却又有些特立独行的家伙在冲着他冷笑。

他大声怒斥起来："臼井，你知道你画的是什么吗？简直是在糟蹋艺术。"

小家伙闻听此言，吓得将脑袋垂了下来，老师接下来让大家轮流传看臼井的作品，他用红笔在作品的后面打了无数个"叉叉"，意思是说这部作品坏到了极点。

他画的是一幅漫画，一个小家伙，正站在地平线上撒尿，如此的不合时宜，如此的不伦不类。

这个叫臼井的家伙一夜出了坏名,学生们都知道了关于他的"光荣事迹"。

这一度打消了他继续画画的积极性,他天生不喜欢那些中规中矩的传统作品,他喜欢信手胡来、一气呵成,让人看了有些不解,却又无法对他横加指责。

在老师的管制下,他开始沿着正统的道路发展,但他在这方面的悟性实在太差了。

期末考试时,他美术考了个倒数第一名,老师认为他拖了自己班的后腿,命令他的家长带着他离开学校。

他辍了学,连最起码的受教育的权利也被剥夺了,于是,他开始了流浪生涯,不喜欢被束缚的他整日里与苍山为伍,与地平线为伴,这更加剧了他的狂妄不羁。

那一年春天,《漫画ACTION》杂志上发表了《不良百货商场》的漫画作品,里面的小人物不拘一格,让人忍俊不禁,看来爱不释手。作品一上市,居然引起了强烈的反响,受到长久束缚的日本人在生活方式上得到了一次新的启发,他们喜欢这样的作品。

又一年,一部叫《蜡笔小新》的漫画风靡开来,漫画中的小新生性顽皮,做了许多孩子愿意却不敢做的事情,典型的无厘头却得到了意想不到的结果,被拍成动画片后,所有人都记住了小新,以至于不得不加拍了连载。

臼井仪人,这个天生邪气逼人的漫画家,注定不会走传统的老路,如果他仍然沿着美术老师为自己铺好的道路发展,恐怕这世上不会有蜡笔小新的诞生。

男人,关于你的未来,只有你自己才知道。既然解释不清,那就不要去解释。没有人在意你的未来,也别让别人左右了你的未来。想要成为一

>>> **Chapter 5　原则**
底线决定上限，骄傲的灵魂自有他的生命和思想

个有品位的男人，首先必须是个不盲从的人。你心灵的完整性是不容侵犯的，当我们放弃自己的立场，而想用别人的观点去看一件事的时候，错误便造成了．一个男人，只要认为自己的立场和观点正确，就要勇于坚持下去，而不必在乎别人如何去评价。

如果我们真的成熟了，就不要再怯懦地到避难所里去顺应环境；我们不必藏在人群当中，不敢把自己的独特性表现出来；我们不必盲目顺从他人的思想，而是凡事有自己的观点与主张。坚持一项并不被人支持的原则，或不随便迁就一项普遍为人支持的原则，固然不易，但是只要你做了，就一定会赢得别人的尊重，体现出自己的价值。

杀伐决断，该拍板时就拍板

人生的道路虽然漫长，但紧要处往往只有几步，特别是当人年轻的时候。

我们的一生之中会遇到很多抉择，也会遇到很多机遇，面对抉择和机遇，很多人惊慌失措，有时眼睁睁看着这些美好的东西从自己手里滑落。不是上苍不眷顾，也不是命运弄人，是自己没有把握好，思想上没有准备好。

1999 年，李彦宏在北大资源宾馆租了两间房，百度公司正式成立。不久，他顺利融到第一笔风险投资金 120 万美金。9 个月后，风险投资商德丰杰联合 IDG 又向百度投入 1000 万美元。如此出色的成绩单，对于一家

创业者来说，已经非常令人咂舌了。平平稳稳的读过创业的三年危险期，公司进入发展期，业内名气越来越大，越来越多的公司登门寻求合作。当时，百度为门户网站提供搜索服务，仅凭这一项业务，他们就可以不费力气的赚钱。

这个时候，李彦宏体内的不安分的因子开始蠢蠢欲动了。在公司董事会上，他提出一项惊人的方案——建立独立搜索网站，并提出竞价排名的经营模式。

当时，正值"互联网的冬天"，多数互联网企业都选在保守经营，稳扎稳打，不轻易出招，所以他的方案一经提出便遭到了董事们的一致反对。董事们认为，做独立搜索网站，门户网站这块就指不上了。你不给它打广告，它凭什么给你钱？竞价排名模式听上去很美好、很光鲜，可并不是在短期内就能搞起来的，弄不好，赔了夫人又折兵，所以与其逆流而上，不如坐收渔利。

那次会议，从下午2点一直开到深夜，争执声从未间断。李彦宏就像一头愤怒的雄狮，不断用事实和数据驳斥反对者的言论，然而他们始终无动于衷。在董事会上无法得到支持，李彦宏又转向几位大股东寻求帮助，但同样没有得到认可。这时的李彦宏完全没有了平时儒雅的风范，他大声质问着、吼叫着，他的执着与激情终于打动了一个股东，答应把资金投给他。他也破釜沉舟，把所有家当都压上去，完全是"不成功便成仁"的架势。

结果我们知道，他成功了，他的百度公司于2005年8月在美国纳斯达克成功上市，成为全球资本市场最受关注的上市公司之一，李彦宏本人也跻身福布斯富豪榜前一百强。

人生的紧要处往往只有几步，只要看清了方向，认准自己是对的，大可以义无反顾地走下去。这个时候，别管别人说些什么，总有一天，事实会让他们改变看法。

人的选择决定了生活。今天的生活是由我们之前的选择决定的，而今天我们的抉择将决定我们以后的生活。所以，男人，别彷徨，更不必犹豫不决，天赋、才华、金钱、资本都不是影响一个人的先天之本，关键在于自己选择什么样的道路，关键时就看自己如何把握。

别人越泼冷水，越要热气腾腾

在你成长的过程中，常有人泼冷水，问题是，别人一泼，你就退缩了吗？如果你认为自己对，就可以坚持到底，走自己的路。

歌德是18世纪中叶到19世纪初德国和欧洲最重要的剧作家、诗人、思想家。但在他年轻的时候，曾经是一个绘画爱好者，他习惯于用绘画的方式表达自己的心灵和思想，并且努力想成为一位非凡的画家。虽然他为自己的梦想而不懈努力着，但却始终不能在绘画上取得什么成就。然而，幸运的是在他习画的同时，也酷爱文学，渐渐地，歌德发现自己更擅长用文字来表现心灵和思想。不知不觉中，他把更多的精力投入到了写作中去。

当时正是欧洲社会大动荡、大变革的年代，封建制度日趋崩溃，革命力量不断高涨。歌德也因此而不断接受先进思想的熏陶和洗礼，从而加深自己对于社会和人生的认识，创作出了一些诗歌和戏剧的剧本。但歌德的做法遭到了不少绘画界人士的抨击，他们指责歌德是对绘画艺术的"不忠"和"叛离",是一个艺术叛徒。所以,当歌德尝试拿着自己的创作成果寻找出版商时,遭到了一些人的暗中作梗,以至于他的这些创作成果只能被长期搁浅,无法走向读者。

后来,一家私人出版机构总算同意出版了他的一本诗集,可一面世就遭到了不少人的炮轰,甚至有人买了那本诗集后,又邮寄给歌德,封面上却写有这么几行字:"这就是一个艺术叛徒所写的所谓的诗歌?简直太荒谬了。"

歌德收到这本诗集后,不但没有生气,反而把它当成一个装饰品挂在书房里最显眼的一面墙上。一位好朋友不解地问他:"你为什么容忍他们这样不断地向你泼冷水?"

"为什么不能容忍?他们在不断地使我成才,难道我要生气吗?"歌德微笑着说。

"泼你冷水是在使你成才?"他的朋友困惑地问。

"当然,假如你往一块干石灰上泼上凉水,它会立刻全身沸腾起来,泼的冷水越多,石灰沸腾得就越强烈,之后它就成为一种建筑材料了。"歌德这样说。

就在这种坦然面对挫折和打击的乐观心态中,歌德的心真的犹如石灰那样"沸腾"起来了。几年时间,他创作出了一大堆诗歌、剧本、小说和哲学作品,其中就包括德国历史上第一部现实主义历史剧《葛兹·冯·伯里欣根》和风行全球的《少年维特之烦恼》,歌德的名字也由此而跃居世界级诗人行列,他最终成为一名无可替代的、璀璨于全球的文学巨匠。

人最不能犯的错误,就是看低自己。当别人的评价让你感到无可奈何时,没关系,只要你知道曾经有一个独特的、与你气质相近的人成功了,那么就不必再为别人的眼光而感到苦恼。对于别人的击打,你可以做出两种反应：要么被击垮，躲在角落里哭泣，朝着他们想看到的样子沉沦下去；要么选择无视，就做最真实、最好的你自己，坚持到底。结果是，前者会泯然众人，而后者往往会惊天动地。

从窄处开始，才会越走越宽阔

作家余华在谈到他的新作《兄弟》时，说了这样一段话，他说：我最初构思《兄弟》时，是准备写一部十万字左右的小说，可叙述统治了写作，篇幅超过了四十万字。写作就这样奇妙，从狭窄开始往往写出宽广，从宽广开始反而写出狭窄。这和人生一模一样，从宽广大路出发的人走到最后常常走投无路，从羊肠小道出发的人却能够走到遥远的远方。无论写作还是人生，都应该从窄处开始，不要被宽阔的大门所迷惑，那里面的路没有多长。

窄处是孤独的，但孤独的生活不一定是悲剧，很多时候，你的孤独往往能够化作一个坚硬的盾牌，保护着你。如果将孤独比作一道门，那么在孤独门外会有各种喧闹的诱惑，而享受孤独的你则在屋内修养自我。

一位老人总是很认真地给小辈们讲述那个"农夫和扁担"的故事，说是有个农夫买了条新扁担回家，可是横着进不去屋，竖着也进不去屋。农人眉头一皱，想到了一个办法，他"咔嚓"一声把扁担拦腰折断，这回顺利进屋了。

小辈们三言两语地取笑农夫。有的说，把扁担顺过来，不就进去了；

也有人调笑说，干脆把门阔的宽大些，会省去很多麻烦。老人等的似乎就是这句话，他说，真正有智慧的人，都居住在窄门里，他们从窄处向宽处走。住在宽大的门里，进出虽然方便，却容易滋生惰性。窄门里是冷清的，能坚持这份孤独的人不多，宽门虽然门庭若市，却千人一面。

其实，老人所说是一种生命态度。宽门与窄门，隐含着两种不同的人生哲学。应该说，这个老故事被老人注入了全然不同的内涵，当然，他也一直抱着这种生命态度在生活。

在最艰苦的日子里，老人选择了"住进窄门"。他是个医生，曾经响应号召下了乡，在那里，一个北大医学系的高才生，变成了背着药箱跋涉山路的"赤脚医生"。那时，一个年轻漂亮的北京籍女护士出现了，他的心里亮起了一盏明灯，这个女护士后来成为他的妻子。

他的医术很好，十里八村的老乡每天排着队来找他看病、开药、批假条，遇到病情严重的人，他还要带着乡亲将人抬到几十里外的市医院救治，那段时间很劳累，但他过得很充实。

夜深人静的时候，人都散了，他便点起煤油灯，捧着厚重的医学书籍，如饥似渴地扎入其中。即便是在吃了上顿没下顿的日子里，他也从没有放弃学习。夏天，蚊虫肆虐，他就燃点艾蒿，在烟下读书。遇上大雨天，屋外下雨，屋内也下雨，床头、书桌、诊疗台上摆满各式各样的盆碗，他就蹲在这些叮当作响的盆碗之间，看书、做笔记。寒冬，雪花飞舞，北风透过并不严密的门窗钻进屋子里，凉气袭人，而他心在书里，浑然不觉。

与他同时下乡的还有一位上海籍的赵姓医生，他选择了"宽门"，积极参加了当时的一些运动，然而事业发展并不如意，于是自叹怀才不遇，醉生梦死。

后来，老人带着一家返城，很快成了远近闻名的外科第一把刀，他出了几本书，都在医学界有一定的影响。如今，他已经到了古稀之年，仍常在国内外医学刊物上发表文章。而那位赵姓医生却被酒精侵害了大脑，握笔手都发抖，就更别说握手术刀了。

人生犹如一次旅行，在漫长的旅程中，唯有学会拒绝诱惑，才能到达成功的彼岸。学会享受孤独，因为孤独往往能够帮助我们认清自我，让自己找到属于自己的目标。

理智地面对身边的诱惑，让自己的人生拥有独立的空间，不要因为暂时的困境，而放弃了自己的理想，更不要因为自己暂时的孤独，而选择投靠外界的诱惑，要知道诱惑往往是一个个的陷阱，陷下去就是万劫不复。

生命有了污点，就用灵魂去清洗

是人就会犯错，无可避免，错误并非不可饶恕，只要你懂得忏悔。如果人人都懂得忏悔，濒临麻木的心就会萌生出爱的嫩芽；如果处处都有良知的觉醒，再弯曲的道路也能抵达爱的世界。

生活是纷扰烦琐的，有心无心之间，我们不知做错了多少事，说错了多少话，动过多少邪念，只是很多时候我们真的没有觉察。但正所谓"不怕无明起，只怕觉照迟"，这种从内心觉照反省的功夫就是忏悔。若以修行之人的理论来说，人若没有了悔过之心，便已是病入膏肓、无药可医，但若心生忏悔，纵然曾经十恶不赦，也可以洗去罪过。"人有时因无知而犯罪，或因愤恨，或因误会而犯罪。事后，自知无理，来求忏悔谢罪，此人确是难得，有上德行，但受者反不肯接受其忏悔，必欲报复。如果是这样的话，那么犯罪者已无罪，而不接受忏悔者，反成为积集怨结之人。"按修行人观点，当我们的身心受到染污之时，只要用清净忏悔的净水来洗涤，就能使心地没有污秽邪见，使人生呈现意义。

有个年轻人，家里一贫如洗，于是前往南方一发达城市打工。求职时许多用人单位都拒绝了一没技术二没文化的他，最后，他只能从事简单、机械的体力劳动。他用身上仅有的几百元买了一辆二手人力三轮车，每天定时给一家饭店送菜送货。

有一天晚上，送货途中，由于车速过快，逆向行驶的他将一位拾荒的老人撞倒，老人倒在地不省人事，他自己也摔成重伤。在好心人的帮助下，他和老人被送往附近医院急救。住院需要押金，他将几千元货款全部交了押金。晚上医生告诉他，老人的伤势很严重，需要几万元手术费，请他想办法通知家人筹款。几万元对于一个月收入只有1000多块、仅能勉强度日的他来说，无疑是一个天文数字。到哪里筹集这笔巨额的医药费呢？躺在床上输液的他心绪大乱。

最后，他趁医务人员不注意，拔掉针头悄悄跑掉。他潜回住处匆匆换掉衣服，与饭店老板结清费用，连夜在那个城市销声匿迹。

他在另一个城市过起了流浪生活，每天早出晚归四处求职，但结果很不理想。眼看身上的钱就要花完了，他将希望寄托在了街头的彩票点上，每天他只花2元钱买一注彩票，这样雷打不动地坚持了一个月，幸运的是，有一天他竟然中了一万元。兴奋不已的他在城郊租了一间非常窄小的店面，办起了2元超市，利润很低。经过一段时间的经营他发现，住在城郊的大多是外来打工者，他们心疼钱，更钟爱这种"2元"超市的小商品。于是他扩大规模，又租了一间店面，打出零利润的旗号，又用不多的钱雇了一个打工者。很快，他的零利润超市因为物美价廉赢得了大批打工者的

Chapter 5　原则
底线决定上限，骄傲的灵魂自有他的生命和思想

青睐。他以规模制胜，许多供货商以低于他人的批发价给他的零利润超市供货，两者互惠互利，赚的钱也越来越多，一年以后，他已拥有了近10万元的积蓄。

有了钱他的心里愈发不安，不知为什么，每天晚上盘点收支时，心里都有种刀割般的感觉，脑中总是不时闪现自己撞人后从医院逃逸的情景。他赚的钱越多，这种负罪感就越强烈，让他寝食不安，夜不能寐。最后，他决定到那个城市去赎罪，还清拖欠的医疗费、老板的货款和预支的工资。

在医院里他长跪不起，深深地忏悔，向医生讲述了当初为何悄悄逃逸的原因。医院原谅了他的过错，他缴纳了所欠的医疗费，并向医院捐了10万元钱，以解救那些无钱治病的人。

老院长拉起他语重心长地说："一个人生理麻木没关系，怕的是良知麻木；一个人有了过错不要紧，怕的是道德沦落而不觉醒。我建议给你的捐款起个名字，你认为该怎么称呼好？"

他如获重释地说："就叫责任觉醒救助金吧。"医院一致通过了这个命名。

回去后，他将超市的名字改成"觉醒零利润超市"，生意越做越大，效益越来越好。

我们行走的人世太浮华、太复杂，我们原本纯正的天性一不小心就会被尘嚣所魅惑，导致我们在错误的沼泽中越陷越深。而忏悔和自省的好处就在于，它恰恰可以使我们明得失、衡利弊、知进退。说句不中听的话，那些生命平庸乃至困顿的人之所以过得如此糟糕，往往就是因为不自知己过、缺乏悔过和自省精神，又或者他们从来就不知悔过和自省。

自省之心会让我们重新认识和评价自我，重新更迭和安顿自我。但仅仅如此还不够，我们还要为自己的过错负起责任，准备接受这个错误所带

来的一切后果，这才是悔过的意义。

　　自省，这是一种认识到错误以后的明白，更是一种经过思考后的道德觉醒，是悔过在行动上的延伸。如果说你不懂得自省，那么过去之事，你直到今日还不知正误；现在之时，你处于悬崖边缘而不知勒马。你说你是否糊涂？你说这样的人生能不平庸？！又岂能不困顿？！

　　自省亦是自知。我们要想获取前进的不竭动力，就必须不断反思自己。无论是谁，都要在做完事情之后，好好反省自己，时刻自我反省，只有这样，我们才能把事情做到更好。假如你不能及时反省自己的错误，那便只会错上加错，走上一条失败的不归路。

Chapter 6
低 调

姿态决定人脉，
低调的男人朋友遍布天下

低调是一种智慧，是一种良好的品格，同时也是一种处世的策略。任何人都不会对骄傲狂妄之人产生好印象，更不愿与他们交往，而一个懂得低调的男人，往往能够赢得人们的尊重，受到人们的欢迎，并构建起良好的人脉。

懂得内敛，生活才更安全

　　虚心不是无能和自我封闭，而是在坚信自己力量的同时所表现出来的宽厚。知识渊博的成功人士往往虚怀若谷，他们所具备的冷静、敏锐、谦逊是成功的前提和基石。

　　沈鸣在一家单位当会计，平时不张扬，努力做着分内之事。一次，市里举办歌咏比赛，沈鸣所在单位报名者寥寥无几。领导很着急，发动职工踊跃参加，可是能一展歌喉的人实在很少，领导心有余而力不足。

　　这时，沈鸣说："我报个名吧。"同事们都惊讶了，问他"你行吗？我们可从没听你唱过歌。"

　　沈鸣笑笑说："我就是个业余水平，凑个份而已。"

　　令同事震惊的是，沈鸣在歌咏比赛中如鹤立鸡群，水平超出所有参赛选手一大截，获得了第一名。一时间，沈鸣成了市里的明星人物。

　　同事们惊讶而佩服地说："我们同沈鸣在一起工作这么多年，怎么一直没发现他还有这么好的歌喉？"

　　大智若愚，大巧若拙。明智之人不会夸诞炫耀，只会以自己的成绩让人信服。相反地，自满自得、自我感觉良好的人实际上是最平庸的人，他们的小聪明总让自己陶醉在令人可怜的幸福中。

　　总说自己行的人，要么因为太自大，要么因为太自卑。

　　任何人都希望自己的聪明能得到人们的认可，但施展聪明要适可而

Chapter 6　低调
姿态决定人脉，低调的男人朋友遍布天下

止，不要给人狂妄的感觉。话说得过多，就是一种争论；事做得过头，就是一种卖弄。

宋明亮新到一家公司上班，总担心领导和同事们小瞧自己，时不时拐弯抹角地夸耀一下自己的才能。从上班的第一天开始，他就把复读机挂在腰间。同事们问他英语水平怎么样，他大言不惭地说："以我现在的英语水平，足可以和外国人流利交谈。"为了让同事们相信自己的英语口语好，他总是在和别人说话时夹杂一些英语单词。

一次，公司来了位美国人谈业务，刚巧翻译出去办理业务，经理英语又不是特别好，正在着急之际，有人推荐让宋明亮来试试。经理找到宋明亮，宋明亮满口答应，一个劲儿地保证绝对没问题。

结果生意没做成。原因是美国人说的每一句话，宋明亮都得让对方再重复几遍，而且还要琢磨很长时间才能大概理解。美国人认为和这样的公司打交道太累就告辞了。

"大胆傲慢的人常为生活的不幸所打倒。"动辄口出狂言、言过其实的人，会把自身的知识欠缺、思想贫乏暴露无遗。夸大其词，反而使自己说的话变成了谎言，这会销毁你原本的智慧和品位，使你落到狼狈不堪的境地。

男人，千万不要成为一个自高自大的人，那将会孤立自我，失去别人对你的尊重，断送你的前程。摆正与他人的关系，有张有弛地展现实际价值，虚心接受真理，把持人生的航道不偏离，这样，你才能从容。

越有实力，越要随和可亲

随和很重要，如果你希望能给人一种从容而内敛的感觉，就应该让自己随和起来，它不但会给你争得面子，还会给你带来不错的人脉。

纵观那些有影响力、有地位的公众人物，他们都有一个共同的特点：心态随和、平易近人。而与此相对照，非常有趣的是，有时候越是实力不济的人越是容易暴躁，他们动辄因为一些小事大发雷霆。随和，代表着一种成熟，代表着一种从容，也代表着一种品位。

一位曾在酒店行业摸爬滚打多年的老总说："在经营饭店的过程中，几乎天天都会发生能把你气得半死的事儿。当我在经营饭店并为生计而必须要与人打交道的时候，我心中总是牢记着两件事情，第一件是：绝不能让别人的劣势战胜你的优势；第二件是：每当事情出了差错，或者某人真的使你生气了，你不仅不能大发雷霆，而且还要十分镇静，这样做对你的身心健康是大有好处的。"

一位商界精英说："在我与别人共同工作的一生中，多少学到了一些东西，其中之一就是，绝不要对一个人喊叫，除非他离得太远，不喊就听不见。即使那样，也要确保让他明白你为什么对他喊叫，对人喊叫在任何时候都是没有价值的，这是我一生的经验，喊叫只能制造不必要的烦恼。"

品位随和的人会成为智者；享受随和的人会成为慧者；拥有随和的

>>> **Chapter 6　低调**
姿态决定人脉，低调的男人朋友遍布天下

人就拥有了一份宝贵的精神财富；善于随和的人，方能悟到随和的分量。要真正做到为人随和，确实得经过一番历练，经过一番自律，经过一番升华。

一个经理向全体职工宣布，从明天起谁也不许迟到，并自己带头。第二天，经理睡过了头，一起床就晚了。他十分沮丧，开车拼命奔向公司，连闯两次红灯，驾照被扣，他气喘吁吁地坐在自己的办公室。营销经理来了，他问："昨天那批货物是否发出去了？"营销经理说："昨天没来得及，今天马上发。"他一拍桌子，严厉训斥了营销经理。营销经理满肚子不愉快地回到了自己的办公室。此时秘书进来了，他问昨天那份文件是否打印完了，秘书说："没来得及，今天马上打。"营销经理找到了出气的借口，严厉地责骂了秘书。秘书忍气吞声一直到下班，回到家里，发现孩子躺在沙发上看电视，大骂孩子为什么不看书、不写作业。孩子带着极大的不满情绪回到自己的房间，发现猫竟然趴在自己的地毯上，他把猫狠狠地踢了一脚。

这就是愤怒所引起的一系列不良的反应，我们自己恐怕都有过类似的经历，叫作"迁怒于人"。在单位被领导训斥了，工作上遇到了不顺利的事儿，回家对着家人出气。在家同家人发生了不愉快，把家里的东西砸了，又把这种不愉快的情绪带到了工作单位，影响工作的正常进行。甚至可能路上碰到了陌生人，车被剐蹭了一下，就同别人发生口角。更严重的是，发生不愉快之后开车发泄，其后果就更不堪设想了。

作为一个男人，我们一定要明白，愤怒容易坏事儿，还容易伤身。人在强烈愤怒时，其恶劣情绪会致使内分泌发生巨大变化，产生大量的荷尔蒙或其他化学物质，会对人体造成极大的危害。培根说："愤怒就像地雷，碰到任何东西都一同毁灭。"如果你不注意培养自己忍耐、心平气和的性情，一旦碰到"导火线"就暴跳如雷，情绪失控，就会把事情全都搞砸。

常言道：忍一时风平浪静，退一步海阔天空。不必为一些小事而斤斤计较。我们不提倡无原则的让步，但有些事儿也没必要"火上浇油"，那只会使事情更糟，只会破坏你在别人心目中的形象。成功的男人之所以成功的原因之一，就是因为他能够很好地管理自己的情绪，维护自己在人前的良好形象，用自己的随和去化解和别人的纷争与矛盾，用自己的随和去摆平内心的纠结和困惑，这就是他们的高明所在，也是他们的高尚所在。

和善远比愤怒更有征服力

在人群中，我们难免会与他人发生摩擦，这时，我们就应该多容人之过。自己有理，心里知道就好了，千万不要得理不饶人。

俗话说："一滴蜜比一加仑胆汁，能招来更多的蜂蝶。"确实，温柔与和善比愤怒与暴力更强而有力。

一位社交界的名人——卡特先生，来自长岛的花园城。卡特先生说："最近，我请了少数几个朋友吃午饭，这种场合对我来说很重要。当然，我希望宾主尽欢。我的总招待艾米，一向是我的得力助手，但这一次却让我失望。午宴很失败，到处看不到艾米，他只派个侍者来招待我们。这位侍者对第一流的服务一点概念也没有。每次上菜，他都是最后才端给我的主客。有一次，他竟在很大的盘子里上了一道极小的芹菜，肉没有炖

>>> Chapter 6　低调
姿态决定人脉，低调的男人朋友遍布天下

烂，马铃薯油腻腻的，糟透了。我简直气死了，我尽力从头到尾强颜欢笑，但不断对自己说：'等我见到艾米再说吧，我一定要好好给他一点颜色看看。'"

"这顿午餐是在星期三。第二天晚上，听了为人处世的一课，我才发觉：即使我教训了艾米一顿也无济于事。他会变得不高兴，跟我作对，反而会使我失去他的帮助。我试着从他的立场来看这件事：菜不是他买的，也不是他烧的，他的一些手下太笨，他也没有法子。同时也许我的要求太严厉了，火气太大了。所以我不但准备不苛责他，反而决定以一种友善的方式作开场白，以夸奖来开导他。这个方法很有效。第三天，我见到了艾米，他带着防卫的神色，严阵以待准备争吵。我说：'听我说，艾米，我要你知道，当我宴客的时候，你若能在场，那对我有多重要，你是纽约最好的招待。当然，我很谅解，菜不是你买的，也不是你烧的。星期三发生的事你也没有办法控制。'我说完这些，艾米的神情开始松弛了。"

"艾米微笑地说：'的确，先生，问题出在厨房，不是我的错。'"

"我继续说道：'艾米，我又安排了其他的宴会，我需要你的建议。你是否认为我们再给厨房一次机会呢？'"

"呵，当然，先生，当然，上次的情形不会再发生了。'"

"下一个星期，我再度邀人午宴。艾米和我一起计划菜单，他主动提出把服务费减收一半。当我和宾客到达的时候，餐桌上被两打美国玫瑰装扮得多彩多姿，艾米亲自在场照应。即使我款待总统，服务也不能比那次更周到。食物精美，服务完美无缺，饭菜由四位侍者端上来，而不是一位，最后，艾米亲自端上可口的甜美点心作为结束。"

"散席的时候，我的主客问我：'你对招待施了什么法术？我从来没见过这么周到的服务。'"

"他说对了。我对艾米施行了友善和诚意的法术。"

和善是润滑剂，它能协调我们与他人之间的关系。不要得理不饶人，不要睚眦必报，试着用和善对待一切，它会比所有的愤怒和暴力加起来更有力量。

姿态低调反而让你更加高贵

人人都无法离群索居，你一生都得与人相处。在家庭、学校和社会，你都是其中的成员、分子、角色之一。你必须在你的环境内，与其他人平等融洽地相处，才会拥有幸福快乐的成功人生，才不会被别人孤立。

我们要学会低调地处理人与人之间的关系，学会一视同仁，不要厚此薄彼，不要用势利眼和有色眼镜看人和看社会。也不能因外界或个人情绪的影响，对人对事表现得时冷时热。在实际生活中，绝大多数人都愿意接触与自己爱好相似、脾气相投的人，这在无形中也就可能冷落了其他一些人。

因此，要想低调做人就要适当地调整情绪，增加与自己性格爱好不同的人的交往，尤其对那些曾反对过自己的人，更需要经常与他们交流感情，防止造成不必要的误会与隔阂。

作为美国的总统，林肯从来就不曾以一种领导者的姿态对待自己的下属，更不会拉开与民众间的距离。

林肯总统喜欢走出办公室，到民众中去。而他在白宫的办公室，门总

>>> Chapter 6 低调
姿态决定人脉，低调的男人朋友遍布天下

是开着，任何人想进来谈谈都受欢迎，他不管多忙也要接见来访者。

林肯总统不愿意在他和民众之间拉开距离。这使保卫工作颇不好做。他也常抱怨那些忠心地执行职责的保卫人员："让民众知道我不怕到他们当中去，这一点是很重要的。"他先这样说，接着就开始躲避他的卫兵或命令他们回到陆军部去。他不愿意成为白宫办公室的囚徒。他保持着最高行政官所不寻常的灵活性。

1861年，林肯在白宫外面度过的时间要比在白宫多。他常常不顾总统礼节，在内阁部长正在主持会议时闯进去。他不愿坐在白宫，当他无法从白宫脱身时，他打开白宫办公室的门，让政府官员、商人、普通市民们沿着行政官邸的围墙排着队去见他。林肯很少拒绝人，甚至对有的人还鼓励他们来访。1863年，林肯写信给印第安纳州的一个公民："对来见我的人们我一般不拒绝见他们；如果你来的话，我也许会见你的。"

他曾说："告诉你，我把这种接见叫作我的'民意浴'。因为我很少有时间去读报纸，所以用这种方法搜集民意；虽然民众意见并不是时时处处令人愉快，但总的来说，其效果还是具有新意、令人鼓舞的。"

林肯说"民意浴"，缩短了他与下属及人民的距离，加深了彼此的感情，激发了人民参与国事的主动性和积极性，利民利国。

古今中外，大凡有高深修养的人士无不如此，当成就了事业之后，更加从言行上严格要求自己。

玛格丽特·杜鲁门在写她父亲杜鲁门总统的传记时也曾多次提到她的父亲低调做人的感人故事：

"父亲不愿意用他办公桌上的铃声下命令，来传唤人，十有九次都是他亲自到助手的办公室去，在偶尔传唤别人的时候，他都会到他的橡树厅门口去迎接……"

"父亲在处理白宫日常事务时，总是这样体贴别人，一点也不以尊者自居。他之所以能够使周围的人对他忠心耿耿，其真正的原因即在于此。"

可见，低调做人并不会降低一个人的高贵身份，反而会因此增加一个人的人格魅力。作为一国至尊的国家领袖尚且如此谦逊、豁达，不炫不耀，作为一名普通民众，我们有何资本在别人面前摆出一副不可一世的架子？

你可以表现，但别刺痛别人

男人，肯定是希望自己的舞台越大越好，希望自己可以在人前人后展示自己的强者之美。告诉身边的每一个人："我是最棒的。"但是这个时候出现了一个问题，那就是有些人总会在这个舞台上忘乎所以，这种"忘我"的境界让他很难意识到底下的观众已经开始紧锁眉头。这是他们在为人处世方面的一个重大失误，他们忘记了，在展现自己的同时，也要顾及其他人的感受。

刘盛是某大学外国语学院的学生会主席，能言善辩，口才极佳。但他有一个特点，凡事争强好胜，常因为一些问题的看法与别人争得面红耳赤，非得争个输赢出来才肯罢休。他总认为自己说的话有道理，别人说的话没道理。别人的看法和观点，常常被他驳得一无是处。大家讨论什么问题时，只要他在场，他就会疾言厉色，一会儿反驳这个，一会儿又批评那个，好像只有他一个人是正确的，别人都不如他。如果不把死的说活，活

>>> Chapter 6 低调
姿态决定人脉，低调的男人朋友遍布天下

的说成仙，他就不会善罢甘休。就这样，他常常会把气氛弄得很紧张，最后大家只好不欢而散。

其实，表现自己并没错。在现代社会，充分发挥自己的潜能，表现出自己的才能和优势是适应挑战的必然选择。但是，表现自己要分场合、分方式，更要适度，别忘乎所以。特别是在众人面前，只有你一个人表现得特殊、积极，往往会被人认为是故意造作，推销自己，常常得不偿失。

金子尧是一名刚进企业的大学生，在学校的时候他是鼎鼎有名的高才生，所以一进企业就想好好地表现自己一番，得到上司的认同，尽早拥有提升的机会。一次上司开会和大家讨论下一步的运营方案，金子尧觉得施展自己的才华的时候到了，于是他不顾别人在会上夸夸其谈，按照自己的思路把自己的想法都说了出来。尽管他的陈述很到位，但是大家还是皱起了眉头。会后很长时间公司没有一个人跟金子尧说话，在投票选举新主管的时候，金子尧自然因为自己的人缘不够好而落选了。

作为一个初来乍到的人，进入到一个新环境都应该本着尊敬别人向别人学习的原则做事。只有这样大家才会帮助你，你才能更快地走进集体的圈子。可是金子尧在这里就不会为人处世，他急于表现自己，给了别人一种很不舒服的感觉。由此看来这种只顾着表现自己的行为真的不可取，它不但会影响到你与左邻右舍的人缘，还很有可能葬送了自己的前程。

除此之外，还有的人，十分热衷于突出自己，与他人交往时，总爱谈一些自己感到荣耀的事情，而不在意对方的感受。

黄晓飞就是这样一个人，不论谁到他家去，椅子还没有坐热，他就把家里值得炫耀的事情一件一件地向你说，说话的表情还是一副十分得意的样子。一位老同学下岗了，经济上有点紧张，他知道了，非但没有安慰人家，反而对这位同学说："我现在工作还算稳定，每月工资1万元，就是太忙，赚了钱都不知道怎么花。"这时候他开始显示自己身上的那一身西装，因为很值钱，于是就在朋友面前炫耀："这是我从香港买的名牌西服，你猜一猜多少钱？5000元。"说完后，一脸得意的表情，感觉就好像说："怎么样，买不起吧？"

表现自己虽然说是人的共同心理，但也要注意尺度与分寸。如果只是一味热衷于表现自己，轻视他人，对他人不屑一顾，这样很容易给人造成自吹自擂的不良印象。

总而言之，我们在与别人相处和交往的时候，要多注意别人的心理感受。只有抓住了别人的心理，才能真正赢得别人的赞赏与好感。如果你只知道表现自己，抢风头而不给别人表现的机会，你就会遭到别人的怨恨，使自己陷入尴尬境地。

客观地说，表现自己并不一定是件坏事，何况每个人都有表现自己的愿望。但是我们一定要注意场合，该收敛的时候收敛，该展现的时候展现。我们不能光想着表现自己，这样必将给自己带来很多不必要的麻烦。有时候做人还是要聪明一些，千万不要让一时的过失，影响到了自己整盘棋子的输赢。

没有架子往往更有领导力

有些人很爱摆架子，尤其是那些有点权势和地位的人，总是念念不忘自己的"身份"，常常放不下架子，总好摆谱，以为那样能显示自己的

Chapter 6 低调
姿态决定人脉，低调的男人朋友遍布天下

"身价"与"威风"，结果摆来摆去，反倒让人感到是一种虚伪和浅薄。

从一定意义上讲，放下架子，就是自己解放自己，就能放下包袱，轻装前进。一个人真正放下了架子，就会真正正视现实，在人生道路上就能多几分清醒，就能带来缘分，带来机遇，带来领导力。

一天，原在某公司担任部门经理的新锐人才刘鸿飞，因为和公司副总发生了一点口角，突然辞职了。陆总得知他被一家酒店聘了过去，决定亲自出马，找他回来。副总不同意，觉得这样做太"跌份"了，陆总却坚持要去。

陆总来到那家酒店，前老板来喝酒，这使刚辞职的刘鸿飞深感意外，但他想躲已经来不及了，只好笑脸相迎，请陆总喝酒，他在一旁陪着。

两个人细饮慢说，陆总笑容可掬，情绪不错。他与这位前部属闲扯起过去创业过关斩将的往事，讲得眉飞色舞。随后，才谈到刘鸿飞的近况，他兴致勃勃地问："还好吧？是不是干得很顺手？"刘鸿飞当然要把其现状好好描绘一番：很受老板的赏识，当上经理以后，手下协作也不错，初步估算，在年内可以赢利50万。陆总淡然一笑，说："五十万吗？我认为太少了。""就这么个小小的酒店，一年赚这么多已经很不错了……"刘鸿飞小声地辩解道。

陆总一本正经地说："照我看，你的才能一年应该赚几百万，你太不自信了，在这个小地方藏不下你这条蛟龙，所以我看你在这儿是大材小用啊！还是回去跟我干，怎么样？"

刘鸿飞感到非常意外："陆总，您不是开玩笑吧？我刚出来，您还要我回去……"陆总慢悠悠地说："我想问题和做事情向来都是认真的。至于你和副总的不愉快，我都知道了，他也很后悔，正盼着你能回去呢！"

刘鸿飞为难地苦笑："我连公司的房子都退了，回去还有位置么？"

陆总道："你错了，我们公司的一贯做法是人走了房子留给他，你在小酒店里太屈才,所以留下这句话:你愿不愿来,我都等着你。"

刘鸿飞决定回去,但他的朋友却对他说:"一会让你走,一会儿让你回去,你就那么好使唤吗?你怎么也得摆摆架子啊!"刘鸿飞摇了摇头:"我不这样认为,回去确实有发展,这时候不能摆架子!"

刘鸿飞果然返回公司,一年后,经过东拼西杀,为公司获利几百万,自己也成为公司的一位副总。

在这件事情中,如果陆总摆起领导架子,那自然就不会去找一名辞了职的员工,这样一来,他就失去了一名人才。人才流失就是财富流失,为了摆架子而失去财富就有点太不值了。而刘鸿飞如果像他朋友所说的那样端起架子,那他就是拒绝机会,所以好摆架子实在不是聪明人做的事。

放下架子,是一种姿态,是一种心态,是一种气度,更是一种智慧。为了打造更强大的领导力,我们最好放下架子——不仅是有形的,更要放下无形的。

在人之上,要视别人为平等人

孟德斯鸠说:人生而平等,根本没有高低贵贱之分。我们没有权力借后天的给予对别人颐指气使,也没有理由为后天的际遇而自怨自艾,在人之上,要视别人为人;在人之下,视自己为人。这是做人的一种基本姿态,也是为人的原则。

因此，在任何时候，我们都应该摒弃对他人的狭隘与偏见，平等地待人。

乔·约翰逊是美国芝加哥著名的企业家，在他成名之前曾是一家汽车公司的推销员。

有一次，他参加了一整天的销售练习，很渴望能和销售经理握握手，因为那位经理刚刚作了一篇十分鼓舞人们士气的演讲。乔整整排了3个小时的队，好不容易才轮到他和那位经理见面。但遗憾的是，那位经理根本没有拿正眼看他，只是从他的肩膀上方望过去，看看队伍还有多长，甚至根本没有察觉他要与乔握手。乔等了3个小时，就获得了这样的一个接待。他觉得人格上受到了侮辱，自尊受到了伤害。于是他立志做一个经理："如果有一天人们排队来和我握手，我将给每一个来到我面前的人全然的注意，不管我当时多么疲劳。"

后来，乔的愿望真的成为现实。经过一番努力，他终于有了一家相当规模的大企业，也有很多慕名者来找他握手，他确实始终坚持以前曾发过的誓言。他说："我有很多次站在长长的队伍前，与各种人士作长达数小时的握手，一旦感觉疲劳了，我总是想起自己从前排队和那位经理握手的情形，一想起他不正眼瞧我给我带来的伤害，我立即打起精神，直视握手者的眼睛，尽可能地说些比较亲近的话……"

在人之上，要视别人为人；在人之下，要视自己为人。这不仅是一个心态的问题，也是一个道德问题。其实，一个人对另一个人的态度在现实生活中的重要性是不言而喻的。

一天晚上，闲着无事的艾森豪威尔在营帐外散步。他看见一个士兵正在营帐背后黯然神伤，便走了过去，"嗨，看来我们是同病相怜啊，我的心情也特别不好，我们可以一起走走吗？"士兵看到艾森豪威尔的突然出现，原本很紧张，可万没想到这位尊敬的将军竟在他最需要朋友倾诉的时候会来邀他散步。自然他感到万分荣幸，他们的谈话也很放松。用这位士兵的话说："那天晚上他不再是指挥千军万马的将军，我也不再是默默无闻的小兵，我们是无所不谈的朋友。"正是那次谈话，使这个一向都很悲观的士兵乐观了起来，在以后的战斗中显示了出奇的英勇。

卡耐基曾指出："指责和批评收不到丝毫效果，只会使别人加强防卫，并且想办法证明他是对的。批评也很危险，会伤害到一个人宝贵的自尊，伤害到他自己认为重要的感觉，还会激起他的怨恨。"所以，他建议不要指责别人，而要尝试着了解他们，试着揣摩他为什么做出他做的事情。这比批评更有益处和趣味，并且可以培养同情、容忍和仁慈。

富兰克林说他做外交官成功的秘诀是："尊重任何交往对象。我不会说任何人的缺点，我只说我认识的每一个人的优点。"

放下面子，才会更有面子

当今社会，生存竞争愈加激烈，真可谓"千军万马过独木桥"，挤得过去就是赢家；挤不过去，轻则落伍，重则落水。但是不挤就有被社会淘汰的危险，所以，即便是一身臭汗，也要拼上一拼，搏上一搏，千万不要站在岸上，自视清高，丧失了大好良机。然而总是有一些人，眼眶子太高，大事干不来，小事不愿干，觉得太丢面子，有失身份，宁可委屈受穷，也不肯放下身段。

在人生最阴暗的时候，人如果能坚强地活下来，必然会有一些收获。

Chapter 6 低调
姿态决定人脉，低调的男人朋友遍布天下

也就是说，在这种时候，你不要去计较面子、身份、地位，也不要急着出头，必要的时候，应该放下身段，适者生存。其实，人的"身段"是一种自我认同，并不是什么不好的事，但这种"自我认同"也是一种自我限制，如果过于强烈就成了一种虚荣。

有一则这样的故事：一贵族公子家中受难，被仆人护着落荒而逃，钱财花光干粮吃尽仆人病倒后，落到了饥寒交迫的境地，仆人希望公子去讨要些衣食保住两个人的命，公子说自己出身公子不愿低头向人讨食。不愿意去。结果，两个人都活活饿死了。这位公子就是因为拉不下面子，认为自己是堂堂的贵族公子，怎么能伸手去受嗟来之食呢？是面子害了他，是虚荣害了他。

现实生活中，很多人都是因为太要面子而错失了很多机会。比如，博士不愿意当基层业务员，高级主管不愿意主动去找下级职员，知识分子不愿意去做体力工作……他们认为，如果那样做，就有损他的身份。

其实，这种"身段"只会让人的路越走越窄。并不是说有"身段"的人就不能有得意的人生，但如果在非常时刻，还放不下身段，那么会让自己无路可走。像博士如果找不到工作，又不愿意当业务员，那只有挨饿了；如果能放下身段，那么路就越走越宽。

中国老百姓有句俗话："管他脸不脸，混个肚子圆。"这话虽然有点儿过火，却也不无道理。有一位大学生，在校时成绩非常好，大家对他的期望也很高，认为他必将有一番了不起的成就。

后来，他的确有了成就，但不是在知名企业也不是在政府机关，而是靠卖蚵仔面线卖出了成就。

原来他在毕业后不久，得知家乡附近的夜市有一个摊子要转让，他那时还没找到工作，就向家人借钱，把夜市摊顶了下来。因为他对烹饪很有兴趣，便自己当老板，卖起蚵仔面线来。他的大学生身份曾招来很多不以

为然的眼光，但却也为他招来不少生意。他自己倒从未对自己学非所用及高学低用怀疑过。

现在呢？他还在卖蚵仔面线，但也做投资，钱赚得比我们不知多多少倍。

"要放下身段。"这是那位大学生的口头禅和座右铭："放下身段，路会越走越宽。"那位大学生如果不去卖蚵仔面线或许也会很有成就，但无论如何，他能放下大学生的身段，还是很令人佩服的。

"放下身段"比"放不下身段"的人在竞争上多了几个优势：

能放下身段的人，他的思考具有高度的弹性，不会有刻板的观念，而能吸收各种信息，形成一个庞大而多样的信息库，这将是他的本钱。

能放下身段的人能比别人早一步抓到好机会，也能比别人抓到更多的机会，因为他没有身段的顾虑。

你如果立志做出一番事业的话，首先就要放下你所谓的面子，不去在乎你的地位，不去计较你的身份，保持平和的心态，从零开始准备，只有这样，你的路才会越走越宽广。

你如果想在社会上走出一条路来，那么就要放下身段，也就是：放下你的学历、放下你的家庭背景、放下你的身份，让自己回归到普通人。同时，也要不在乎别人的眼光和议论，做你认为值得做的事，走你认为值得走的路。不要让面子限制了你的出路，人要能屈能伸，放下面子才会更有面子。

>>> Chapter 6 低调

姿态决定人脉，低调的男人朋友遍布天下

降低姿态做人，拉开架势做事

人生于世，立身之根基不外乎两样——做人、做事，然而要打好这两大基础则绝非易事。做人之难，难在对情绪的掌控、对人生的参悟、对欲望的控制；做事之难，难在衡量，难在从复杂的利益与矛盾中寻找一个平衡点，难在得到众人的认可。那么，既然做人难，做事亦如此难，我们又该如何是好呢？这就要求我们在做人方面严于律己、谦虚谨慎、淡泊名利、不事张扬；在做事方面追求创新、力求卓越，不断提升对于自身的要求。若是能将二者相融合，使其相辅相成、相得益彰，我们就能够获得一片广袤的天地，成就一个多彩的人生。也就是说，若想自己的人生有所建树，我们必须学会"低调做人，高调做事"，而这，也正是大多数有作为者成功的关键所在。

一名普通茶厂工人，在平凡的岗位上不断学习、不断摸索、不断成长，先后成为车间主任、销售科科长、经营副厂长、厂长。在企业濒临破产之际，他凭借多年工作经验，洞悉了危机下隐藏的商机，毅然购买了茶厂的全部股份，甘愿承担茶厂1200余万的债务，开启了个人创业模式。

仅仅不到10年，他就将一个占地6亩、员工30余人、年收入不过百万的乡镇企业，一举拉上了"农业产业化国家重点龙头企业"的宝座，总资产数以亿计。

2004、2005年,他先后获得"中国茶业企业十大风云人物""四川省创业之星""全国劳动模范"以及"四川十大财经风云人物"等各项殊荣。他就是"四川省峨眉山竹叶青茶业有限公司"董事长唐晓军。

然而,就是这样一个在业内叱咤风云的人物,却有着与其身份大相径庭的低调。

在媒体眼中,唐晓军可谓是一名"神秘人物",他从不轻易接受采访,尽量避免在媒体上露面;在员工面前,唐晓军是一位亲切的老总,他平易近人、沉稳内敛,给人的感觉就像老朋友一般。

正如唐晓军所说:"做人,要有一颗平常心,先做人后做事,凡事内敛不可张扬。"而他旗下"竹叶青"的品牌主张正是"竹叶青,平常心。"

从唐晓军身上,我们似乎看到了"低调"与"高调"的完美结合。高调做事与低调做人并不矛盾。低调做人是一种姿态,是为人处世的一种胸襟、一种谋略,他能使人自省、使人进步、使人谦虚谨慎地走好人生的每一步。在低调做事的基础上,去进取,不畏艰辛迎难而上,用饱满的激情、强烈的自信去突破、去创新、去实现自己的人生梦想,这就是"低调做人,高调做事"的注解与诠释。

低调做人是一种人生智慧,高调做事是一种人生态度,唯有将二者融合在一起,我们才能成就一个含蓄厚重、丰富充实的人生。

>>> Chapter 6 低调
姿态决定人脉，低调的男人朋友遍布天下

有一种退让叫"以退为进"

也许很多人没有看到过捕捉黄鳝的笼子，这种笼子做起来很简单，却很实用、很方便。

一束细篾编织成拳头粗细的笼子，笼子尾部是进口处，一圈轻而薄的篾瓣朝里形成一个漩涡状茬口。黄鳝被笼里的诱饵吸引了，就从那篾缝里钻进去，但是它在笼子里面没法转身，于是被收笼子的人提起来，没有一条能够逃脱的。

其实这笼子什么机关也没有，只有进口处那一圈篾瓣。它是利用了黄鳝的尾部特别敏感，只要一触到硬物整个身体就向前游动这一特性，断了黄鳝的后路。假使黄鳝敢于朝后退一步，那么就没有哪一条黄鳝能被关进笼子而束手待毙的。

当初黄鳝是怎么进来的呢？当然是顶着篾瓣钻进来的，因为那时诱饵在前，就什么也顾不上了，硬着头皮往前钻。等到后退的时候，篾瓣的尖梢一根根扎在尾上，它不知道后面那坚硬的东西是什么，退下去会有什么结果，所以一触即缩，怎么也鼓不起勇气朝后退，就只好在笼里一直待下去。

置身险境而不敢后退一步，这类现象在动物界并不鲜见。然而作为高等动物的男人也常犯这类错误，甚至于将自己推上了绝路，这就不能不令人感到遗憾了。

一味地比权量力，好勇斗狠，最后只能导致两败俱伤。如果能明智一些地做出让步，有时会取得意想不到的效果。当然，这种让步不是盲目的屈服，更不是软弱的退却，而是在分析了可行性的基础上做出的理想选择，尤其是当我们遇到不可理喻的对手的时候。

意大利艺术家米开朗琪罗被世人公认为最伟大的作品，应该是他的大理石雕刻《大卫像》。可是大家是否知道，当米开朗琪罗刚雕好大卫像的时候，主管这件事的官员跑去一看，竟然不满意。"有什么地方不对吗？"米开朗琪罗问。"鼻子太大了！"那位官员说。"是吗？"米开朗琪罗站在雕像前看了看，大叫一声："可不是吗？鼻子是大了一点，我马上改。"说着就拿起工具爬上架子，叮叮当当地修饰起来。随着米开朗琪罗的凿刀，掉下好多大理石粉，那位官员不得不躲开。隔了一会儿，米开朗琪罗修好了，爬下架子，请那位官员再去检查："您看，现在可以了吧！"官员看了看，高兴地说："是啊！好极了，这样才对啊。"送走了官员，米开朗琪罗马上先去洗手，为什么？因为他刚才只是偷偷抓了一小块大理石和一把石粉，到上面做做样子。从头到尾，他根本没有改动原来的雕刻。

但是，试想一下，如果米开朗琪罗不这样做，而是跟那位官员争论，会有这么好的结果吗？这当然只是退让中的一种，这种退让可以免除我们不必要的麻烦。

Chapter 7
涵 养

修养决定气场，
有权有钱有样都不如有修养

君子不可以不修身。男人的修养是一种意志的展现，一种态度的表达，一种行为的拷问，也是一种表情，一种神态，一种作风。身为男人，必须在个人修养上下一番功夫，让自己充斥着男人该有的品位。

脱离恶俗之气，做个雅男人

雅与俗是评价一个男人品位的通用标准。一个男人的品位是高雅还是低俗，首先取决于他在这方面的价值观。只有在他对高雅的含义有一个清晰的界定后，他才能以此来要求自己做出高雅的事儿来。相反，那些低俗之人并不全是成心和自己的品位过不去，而是他们模糊了雅与俗的界限，误将低俗当高雅，结果使自己的品位很低。比如，有人在公共场所吸烟，其他人对此嗤之以鼻，而他本人却以为这是一件非常潇洒的事，自我感觉非常良好。

那么，何为雅？何为俗？

这里首先要解决"俗"的问题，"俗"的问题解决了，"雅"自然就水落石出。

俗的表现方式有很多。首先，吹毛求疵、嫉妒别人、对小事耿耿于怀、好冲动就是一个低俗的人的一些表现。这样的人总爱疑神疑鬼，当看到别人聚在一起谈论时，便以为是在谈论有关他的事情。有时他为了展现自己所谓的个性，常常弄出一些可笑的场面。而有品位的男人则恰恰相反。有品位的男人不会计较一些鸡毛蒜皮的小事，更不会怀疑自己受到了轻视或嘲笑，即便事实真的如此，他也会毫不在意，他宁愿保持沉默，也尽量不与人争吵。低俗的人喜爱探听市井流言，醉心于家庭小事；高雅的人则不会蝇营狗苟，为家庭琐事而纠缠不清。

其次是语言的低俗。有品位的男人对自己的语言是极其在意的。他们说话时谦虚有礼，而低俗的人却巧言善辩，而且喜欢套用谚语和陈词滥调。有些时候，他会经常使用一些挂在嘴边的口头禅，会不顾场合地胡乱使用，比如"气死了""丑死了"等等。低俗的人有时还爱使用一些晦涩难懂的词句，他极力表现自己说得正确，以显示自己与上流人士没什么不同。

拙劣的语言、不雅的行为很容易显示出一个人低下的教育水平和低劣的朋友圈子。而常与有品位的人士接触，则会改变一个人的言行举止。

一个男人内在的德行和知识常会从他得体的衣着、优雅的风度上表现出来。衣着和风度的作用就像光泽之于钻石，不论钻石有多贵重，没有光泽也不会有人佩带。在生意场上，风度举止尤其重要。如果一个男人行动仓促匆忙，言语强硬粗俗，则会给对方造成不快，甚至会惹怒对方。这样的后果可想而知，是绝不会令人满意。

高品位的生活方式绝不是粗俗、浮躁之人所能自觉地做到的，它需要一种心灵的基础，也就是一种心灵的锤炼。

这就是人们所提倡的人生修养。有了修养，一个男人才能实现幸福、生命和价值的目标，才能对生命意义的获得有一种全新的认知。诚如毛泽东所说：这时你才能"成为一个高尚的人，一个纯粹的人，一个有价值的人，一个脱离了低级趣味的人"。否则，财富、荣辱、地位、权力……对于你来说都可能是很遥远的概念。

对人生修养的认知，是那些能够超越世俗得失的人生价值取向，以直观之心俯视人生运程，是孔子的"逝者如斯夫"的旷世凝思，是老子的"人法地，地法天，天法道，道法自然"的大智判断就是这个道理。一个男人只有具备了这种超越感，其生存状态才能够实现本质意义上的自觉。而这种超越感的获得，只能是人生修养达到一定境界的结果。

给自己装上一颗高贵的心

高贵的生活不是高贵的诠释,真正决定一个人高贵与否的,不是他的身份和地位,而是在他的胸腔里跳动的是怎样的心。

庄严肃穆的佛家圣地五台山下,几个衣着华丽的帅哥靓女提着新鲜水果欲潇洒地驾着豪华跑车离去,一个两鬓斑白的老人家拦住他们讨要梨钱,这些人一脸鄙夷:"穷人就是穷人,这点小钱也斤斤计较,拿去,给你买棺材吧!"话落,几张百元钞票甩出窗外,跑车一声轰鸣,绝尘而去。

贫穷的生活本身,的确不值得刻意颂扬,可身处清贫中,仍然心高洁,就会散发出人性的光芒;富贵生活本身也不是什么坏事,可富而忘本、为富不仁,无论如何也不能称之为"高贵"。

人,最大的愚昧和悲哀,莫过于在自己营造的文明中迷失而不自知。

贫与富,并不仅仅有物质来衡定,而是取决于心,物质之富,有时人力实在不能左右,但至少可以守住心中的一份傲然与清朗。

台湾著名男演员、剧作家、导演金士杰早年带领一群热爱戏剧的演员刚创办兰陵剧团时可谓一穷二白。1979年,在舞台剧几乎处于荒漠的台湾,兰陵剧团出现了。金士杰和团里的所有演员都是白天做苦力,晚上排练创作,零酬劳演出。这个剧团的成立没花什么钱,但也没赚一分钱。于是就有朋友关心金士杰怎么生存:你总有三餐不继的时候,总有付房租的

>>> Chapter 7　涵养

修养决定气场，有权有钱有样都不如有修养

时候，那时你怎么对付？

金士杰的生存方式很独特。

金士杰有个朋友家境很好。有次金士杰去她家里做客，吃饭时，他吃着吃着就感叹起来："桌上菜这么多，都很好吃。你们平常都这样吃吗？每次吃不完怎么办？"朋友答："还能怎么办呢，该倒就倒掉。"

金士杰顿时两眼放光："那让我来替你们做一个义务的食客怎么样？"朋友拍掌说："很好，欢迎欢迎！"

金士杰却一本正经地说："你先别着急欢迎。我们先把条件说清楚：第一，我不定时来，但我来之前会先打电话问清楚你家有没有剩饭、方不方便，有且方便的话，我就来；第二，我来只吃剩饭，等你们家人全部吃饱撤了，确定摆的都是剩饭剩菜我才开吃，而且，不可以因为我来就故意加一个菜，那样就算犯规；第三，我吃剩菜剩饭的时候旁边不可以站着人，因为他（她）一旦和我打招呼，我就得很客气地回应，这样客套来客套去我就没办法当专业食客了；第四，吃完之后我要很干净利落地走，不可以有人跟我说再见，如果非得这样客套的话，我心里就会有负担，那样下次我就不来了。总结一句话：我要完全没有负担地当一名剩菜剩饭的食客。"

朋友听完他的话觉得很逗，当场就答应了所有条件。此后，金士杰果真好几次去朋友家当食客，吃得非常开心。他还幻想着：我要有30个这样的朋友，一个月就能过得蛮富足。

抱着这样的心态过苦日子，金士杰带领剧团一路坚持下来。第一次演出，他们还是没有钱。离他们不远的地方有个大礼堂搁置着没用，他们就把那里打扫出来当舞台；没服装，他们就各自掏腰包买一套功夫裤穿在身上；没灯光，他们就各自从家里搬来一两个打麻将用的麻将灯，再加长电线，往插板上一插，灯就亮了；没东西化妆，他们就素颜上场；没有人宣

145

传,他们就自己拿来纸笔,涂涂画画,一张大海报就贴到了台湾师范大学的门口。

一切准备就绪。演出那天,观众席只坐了二三十人,人不多,但大部分人都是台北文化界的精英。他们看完演出之后对金士杰这样说:"台北市等你们这群人等了很久了,你们终于来了。你们要演下去,拜托你们一定要演下去!"

金士杰带领大家照做了。历经一年多的非正式演出,兰陵剧团终于走上正式的舞台。1980年,金士杰编导的《荷珠新配》参加了台湾第一届"实验剧展",首演一炮而红。一时间,兰陵剧团声名大噪,金士杰也一跃成为台湾现代剧场的领军人物之一。

多年之后金士杰将当年自己当"专业食客"的事情说给一堆人听。说完之后他感慨:"我说这些事,除了好玩,除了说明我的脸皮厚以外,还有个很重要的原因。我觉得,我们的这种穷完全不需要自卑,不需要脸红,因为我深深知道我们在做什么,我们把我们的头脑、智慧、创作拿出来献给社会,以至于我们没有工夫赚钱。我们是在做很重要的事情,所以,从某种意义上来说,我们这个穷不是穷,而是富,不是缺,而是足。"

人,应该平静地面对生活给予的一切,不要让欲望这个没有止境的黑洞来洞穿心灵。因为一旦心灵上有了缺口,那么冷风就会肆无忌惮地在其中来回穿行,让人终生失去温暖,变得孤单而寒冷。

有高贵的心,就算身陷淤泥之中,也能开出不染的莲花。古人说:"托钵僧之心始可贵。"包含着对人性终极意义的深刻领悟。那些说"斯是陋室,惟吾德馨。"的人,必是高贵之人,他们虽然贫寒,匮乏,却活得坦然、从容,人穷而德馨。

也许,在今天的社会里,要做到这一点很不容易,一般人都无法坦然

>>> Chapter 7　涵养
修养决定气场，有权有钱有样都不如有修养

面对穷富，无法在心理上达到平衡。其实，与充满金钱的生活相比，平淡清贫不存在真正意义上的缺失和悬殊。对一个人来说，最重要的是心灵上的富足与高贵。

诚信是男人安身立命的资本

在大千世界中，不同的人有不同的做人之道，奸诈者有之，投机者有之，轻狂者有之，骄傲者有之，但是这些人绝不能成大事，至少不能长久成大事。

对于李嘉诚这位 30 岁就凭着自己的努力成为富豪的人来说，作为一个商人最重要的素质就是"信"。其实，李嘉诚对事业上的"信"与他对人的"诚"是分不开的，诚信相合，即为"义"。从对子女的教育上最能看出一个人的为人和心中的想法。

李嘉诚坦言："以往百分之九十九是教孩子做人的道理；现在有时会谈论生意，约三分之一谈生意，三分之二教他们做人的道理。因为世情才是大学问。世界上每一个人都精明，要令人家信服并喜欢和你交往，那才最重要。"

2002 年，李嘉诚旗下的长虹生物科技公司要上市融资，当时长科公司全年的营业收入才几十万港元，根本就不盈利，但是股票发行时还是获得了好几倍的认购。为什么？因为香港人相信李嘉诚的信誉，相信跟着李嘉诚投资不会吃亏，"李嘉诚"三个字就是金字招牌。

李嘉诚在总结自己成功做人之道时,有一句深邃而精辟的话,叫作:"让你的敌人都相信你。"这句话令人过目不忘。道理非常简单,就是现在已被许多人淡忘的那两个字——诚信。"我答应的事,明明吃亏都会做,这样一来,很多商业的事,人家说我答应的事,比签合约还有用。"并非李嘉诚自诩,曾有人通过采访的途径,在他的竞争对手那里得到了证实:"他讲过的话,就算对自己不利,他还是按诺言照做,这点是他的优点。答应人家的事,明明知道吃亏可还是照做。"李嘉诚为人之道如此,其成功之路也受此影响。

有一年,李嘉诚决定在伦敦以私人方式出售他持有的香港电灯集团公司股份的10%。计划过程中,港灯即将宣布获得丰厚利润的消息,李嘉诚的得力助手马世民马上建议他暂缓出售,以便卖个好价钱,但是,李嘉诚却坚持按原计划出售。李嘉诚说,还是留些好处给买家好,将来再配售会顺利点,赚钱并不难,难的是保持良好的信誉。《远东经济评论》对此发表评论,非常精辟地说:"有三样东西对长江实业至关重要,它们是名声、名声、名声"。

而有些人却不注重诚信,结果因小失大。

古代周幽王有个宠妃叫褒姒,为博得她的一笑,昏庸的周幽王竟然视军令为儿戏,下令在都城附近20多座烽火台上点起烽火。众所周知,在古代战争中,烽火是边关报警的信号,只有当外敌入侵需召诸侯来救援的时候才可点燃。这下好了,宠妃看将士们手足无措的样子开心地笑了,而这却恼怒了率领兵将们匆忙救驾的各路诸侯们。五年之后,外敌大举攻周,周幽王再燃烽火。然而,诸侯将领们谁也不愿再上第二次当,再也无人应和了。结果呢,幽王被逼自刎,而褒姒也被敌人掳了去。

周幽王丢失诚信,身死国亡,李嘉诚恪守诚信,赢得美誉。两者对比之下我们应该明白,国不可无诚信,人不可无诚信。中国人说:"留得青山在，不怕没柴烧"，在人生的投资中，诚信就是青山，资金就是柴，只要诚信在，不怕没资金；运用诡诈之术，只是小聪明，也只会获得一时的小利，吞下的却是原罪的苦果。

诚信，是一池清澈的碧水，所有的真诚，都明明白白地装在里面，谁不喜欢。而失信则如同被一团污泥弄脏了的池水，谁又不厌恶呢？而且"一个人一旦一次失信于人，别人下次再也不愿意和他交往或发生贸易往来了。别人宁愿去找信用可靠的人，也不愿意再找他，因为他的不守信用可能会生出许多麻烦来"。真正的成功者是以诚实为做人之道，李嘉诚认为，以诚为本，才能永远有饭吃，才能做大生意，这是人人皆知的道理，但却不是人人都能做到的。

有些年轻人开始创业时，常常有着这样的看法，即认为一个人的信用是建立在金钱基础上的。一个有钱的人、有雄厚资本的人，就有信用，其实这种想法是不对的。与百万财富比起来，诚信的品格、精明的才干、吃苦耐劳的精神，要高贵得多。现在的银行家们都非常有眼光，他们对那些资本雄厚，但品行不好、缺乏信用的人，绝不会放贷一分钱；而对那些资本不多，但肯吃苦、能耐劳、小心谨慎、时时注意商机的人，他们则愿意慷慨相助。任何人都应该懂得：信用是人一生最重要的资本。要知道，糟蹋自己的信用无异于在拿自己的人格作典当。

那么，如何提升自己的信用呢？以下几点可供借鉴：注意自我修养，善于自我克制，做事必须恳切认真，建立起良好的名誉；应该随时设法纠正自己的缺点；行动要忠实可靠，做到言出必有信，与人交易时诚实无欺。以上这几点都是自我信用的重要评价。记住罗赛尔·赛奇说："坚守信用是成功者的最大关键。"一个人要想赢得人家的信任，一定要下极大的决心，花费大量的时间，不断努力才能做到。

小事情才最能体现人的善良

如果一座房子破了一扇窗,没有人去修补,时隔不久,其他的窗户也会莫名其妙地被人打破;一面墙,如果出现一些涂鸦没有被清洗掉,很快的,墙上就布满了乱七八糟、不堪入目的东西;一个很干净的地方,人们不好意思丢垃圾,但是一旦地上有垃圾出现之后,人就会毫不犹疑地抛,丝毫不觉得羞愧。事实就是这样,"千里之堤,溃于蚁穴",第一扇被打破的玻璃窗若不能及时得到修护,就有可能带来一系列的负面影响;同理,一些小的过错如果不能及时被发觉并加以改正,日久天长它就会演变成大错。

所以佛家一直倡导信众和世人要"诸恶莫做,众善奉行"。修行之人以慈悲为怀,他们希望无论是小的过错,还是小的罪恶,但凡是负面的言行最好就不要让它面世。那些圣贤之人在这一点上也都能达成共识,三国时的刘备在白帝城托孤之时,就不忘谆谆告诫刘禅:"勿以善小而不为,勿以恶小而为之。"刘备一世枭雄,留下的名言不多,唯有这句话流传千古,而且给后人永久的启示:人不要因为某个坏习惯不起眼就不重视。这句话看似比较浅显,但却蕴含着很深的哲理,它劝诫我们要在日常生活的细节上加强道德修养,以免因小失大。

"勿以善小而不为,勿以恶小而为之。"其实我们从小到大都在接受这样的教育,但扪心自问,我们做得够不够好?想必很多人在这时会低下

>>> **Chapter 7　涵养**
修养决定气场，有权有钱有样都不如有修养

头。我们总是喜欢为自己开脱，认为犯点小错、做点小恶并没有什么，无伤大雅，但事实上，这种想法大错特错。就像佛家所说的那样："时时以为是小恶，作之无害，却不知时时作之，积久亦成大恶。犹水之一小滴，滴下瓶中，久之，瓶亦因此一滴一滴之水而满。故虽小恶，亦不可作之，作之，则有恶满之日。"也就是说，如果我们对小的恶念不能及时自觉且有效地加以修正，那么终将会因为无底的私欲酿成灾难，小则身败名裂，大则性命堪忧。是故，我们应该时常检点自己行为，否则等到出现不良后果再深深痛悔，那是不是有点迟了？因为这怎么说，对于我们的人生而言都是一种负面影响。

事实上，人之善恶不分轻重。一点恶是恶，只要做了，也能给人以损害；一点善是善，只要做了，就能给人以温暖。

有位朋友讲述过一段自己的经历：

一个雪天的早晨，他去图书馆借书，不经意间看见保洁员正在拖地。图书馆里人们进进出出，鞋底的雪在室内立刻融化，变成黑乎乎的脚印。保洁员不得不一次次的擦拭，直到有位送水工推门而入。

送水工探头看了看又退出去，不一会他再次进来，不过此时脚上却多了两个塑料袋，生怕踩脏了地板。保洁员站在一旁，眼光里有一种温暖的感动。

送水工的举动看似不起眼，可在那个大雪纷飞的早晨，却足以在他人心中注入春天般的温暖。小善，于细腻处润物无声，也许只是为身后的人挡住门，也许只是给陌生人的一个搀扶，也许只是走一步路将垃圾扔进垃圾箱……但倘若人人都能做到"勿以善小而不为"，就足以积小流，成江海。

其实环顾身边，我们可行之善事比比皆是，就看我们怎样去做。有一则佛家寓言，很有启示意义，我们一起来看一下：

禅师带着徒儿下山游方化缘，途中遇见一个饿得奄奄一息的老妇人。

禅师当即命徒儿留些干粮和银两给老妇人，徒儿有些不情愿，禅师打句佛语，问徒儿身上的银两和口粮共有多少。徒儿说口粮仅够三天，才化得五两白银。禅师颔首微笑道："口粮三日总有食完之时，白银五两也不足以修缮一座破庙，但与一无所有的人相比，我们师徒已属幸哉。"说完，禅师留下了三两白银和师徒两人两天的口粮，随后转身而去。

一路上，禅师见徒儿闷闷不乐，便道："生死与功德只在一念之间，这些银两和食物对我们来说只不过是暂时能维持生计罢了，可对施主却是救命之物啊。"徒儿似懂非懂。几年后，禅师油尽灯枯，圆寂前把一本经书交到徒儿手中，翕动着嘴唇却没能来得及说出最后一句话。那经书徒弟年幼时就已经倒背如流，故而未曾翻阅便搁在了一边。

年轻的徒儿继承师位后持庙有方，破旧的小庙不断扩建。徒儿心想，等庙筹建完毕，一定谨遵师傅的教诲去广济百姓，可当寺庙建好以后，他却又想，等庙宇具有规模后再济人行善吧。时光荏苒，徒儿业已年至耄耋，寺庙已然香火旺盛，殿壁辉煌。可是，几十年来他因忙于建庙，最终没有做过一件有功德的事情。临终前，徒儿突然想起师傅留下的那本经书，当他翻开扉页，顿然号啕大哭。但见经书上赫然写着师傅当年未及点明的忠告：助人一次，胜似诵经十年。

其实，行善事并不一定非要有足够的能力以后才可以去做，力所能及的倾心相助才有着更为深刻的意义。在现实生活中，较之不吝施舍的富翁们，那些慷慨侠义的穷人往往显得更受人瞩目，即使他们的给予是那么的"微不足道"。媒体上常有这样的报道：某某富豪为慈善事业一掷千金……于是人们争相歌颂，但或许在某个角落，一个乞丐正将自己乞讨得来的零钱赠给有需要的人，那么我们说，哪一个更令人感动？哪一个更令人尊重？善是不分大小的，只要我们心存善念，所行之事有益于社会，那就是善举。

　　节约水电，似乎不值一提，但确实可以使需要它的人享受更多资源，这就是行善；遵守公德，爱护公物，也许你并不觉得有什么，但我们生活的环境确实会因此变得更美好，这显然也是行善；公交车上让位于有需要的人、将跌到的孩子扶起，些许小事，举手之劳……却都是实实在在的行善。

　　勿以善小而不为，勿以恶小而为之。如果我们大家都能将这句话奉为处世箴言，则必然会增益良多，长进良多。

你不尊重人，人不尊重你

　　最大的伤害莫过于无视对方的自尊，当友情或者某种合作的工作关系发展到难以维系的程度时，许多人会从心里冒出这样一个想法：管他呢，反正维持不下去了，即使自己做得过分一些也没关系。

　　李响常常发牢骚说："我这一辈子净帮别人了，就没见别人帮我。都说是'以心交心'我对朋友哪点不够意思了，他们怎么就这么对我呢？"其实这话李响应该问问自己，检讨一下自己的处世态度。李响对谁都是大大咧咧，说话办事不懂得尊重别人，别人给他指出这点时，他又总是一副"这有什么呀"的样子。比如说，小张的录放机坏了，怎么修也修不好，这时李响来了，几下就给弄好了。小张刚说声"谢谢！"，李响却撇了一下嘴，"什么大不了的事！这点小东西都修不好，亏你还大学毕业的呢！就这水平啊！"一句话把小张噎得开不了口，满腔感激之情也烟消云散了。在单位里也是如此，李响不尊重别人是出了名的，随便拿走别人的东西，乱看人家的短信，说起话来口气生硬，一点也不懂得照顾别人的自尊心……因此，尽管他帮了别人很多忙，别人却不愿领他的情，大家都说"宁可不要他帮忙，也不想受他的那份气。"

说话办事太不尊重别人，结果失去了别人的好感，即使他再努力帮助别人，也只是在做无用工。每个人在人际交往中都希望能得到别人的尊重，如果你做到了这一点，那么你就会受到大家的欢迎，反之，你就只能得到大家的排斥。

所以，要学会尊重别人。只有尊重了别人，才是尊重了你自己，为自己赢得了尊重。如果忘记尊重别人，别人便可能意志消沉，甚至"以眼还眼，以牙还牙"。失去别人的支持和配合，一个"光杆司令"还怎样能作战呢？因此，无论于公于私，无论于人于己，都要切记"尊重"两字。

尊重别人是好人缘的催化剂，一个不懂得尊重别人的人也无法让别人尊重自己，更无法受到大家的欢迎。所以，无论说话还是办事，都要照顾对方的感情和自尊心，这样坚持下去，你会发现自己也越来越受欢迎了。

>>> **Chapter 7　涵养**

修养决定气场，有权有钱有样都不如有修养

具有责任感才能给人安全感

责任能激发男人的潜能，也能唤醒男人的良知。有了责任，也就有了信任和真诚；有了责任，也就有了尊严和使命。

什么是责任心？责任心就是当一个男人处于某个位置或者承担某种角色时，他必须对相应的后果负责。从这个角度来说，责任是相对于职务而言的。简言之，一个帝王的责任就是管理好一个国家，一个大臣的责任就是做好职内的工作，一个公民的责任就是遵守他应尽的义务。如果一个男人能对自己的责任义不容辞，那么，我们就可以说他具有较强的责任心。

在火车上，一位孕妇临盆，列车员发出通知，紧急寻找妇产科医生。这时，一位男士站出来，说他是妇产科的医生。列车长赶紧将他带进用床单隔开的病房。毛巾、热水、剪刀、钳子什么都到位了，只等最关键时刻的到来。产妇由于难产而非常痛苦地尖叫着。那位自称妇产科医生的男士非常着急，将列车长拉到产房外，告诉列车长，他其实只是妇产科的实习医生，并且由于犯了错已离开医院。今天这个产妇情况不好，人命关天，他觉得自己没有能力处理，建议立即送往医院抢救。

列车行驶在京广线上，距最近的一站还要行驶一个多小时。列车长郑重地对她说："你虽然只是实习医生，但在这趟列车上，你就是医生，你就是专家，我们相信你。"

列车长的话感染了男人，他准备了一下，走进"产房"时又问："如果万不得已，是保小孩还是保大人？"

"我们相信你。"

男人明白了，他坚定地走进"产房"。列车长轻轻地安慰产妇，说现在正由一名专家在给她助产，请产妇安静下来好好配合。出乎意料，那名实习医生几乎单独完成了他有生以来最为成功的手术，婴儿的啼哭声宣告了母子平安。

因为责任，因为信任，他终于战胜了自我，完成了使命，也找回了自己的信心与尊严。责任是对人生义务的勇敢担当，责任也是对生活的积极接受，责任还是对自己所负使命的忠诚和信守。一个充满责任感的男人，一个勇于承担责任的男人，会因为这份承担而让生命更有分量。

责任让男人坚强，责任让男人勇敢，责任也让男人知道关怀和理解。因为当我们对别人负有责任的同时，别人也在为我们承担责任。清醒地意识到自己的责任，并勇敢地扛起它，无论对于自己还是对于社会都将是问心无愧的。无论你所做的是什么样的工作，只要你能认真地、勇敢地担负起责任，你所做的就是有价值的，你就会获得尊重和敬意。有的责任担当起来很难，有的却很容易，无论难还是易，不在于工作的类别，而在于做事的人。只要你想、你愿意，你就会做得很好。

责任是一种超越个人恩怨的崇高职责。负有责任的男人应该抛弃个人的恩怨和私利，只有这样的男人，才能给人以信任、安全的感觉。

>>> **Chapter 7　涵养**

修养决定气场，有权有钱有样都不如有修养

优雅的风度是一封长效的推荐信

良好的修养可以作为财富。对于有修养的男人，所有的大门都向他们敞开。即使他们身无分文，也随处可以受到人们的热情款待。一个举止得体、谦和友善、助人为乐、颇具绅士风度的男人，在人生道路上必定是畅通无阻的。

如果一个男人在生活中养成了文明的举止习惯，就等于为自己开启了社交的大门，所有的一切，不费吹灰之力就可以轻而易举地获得，很多人甚至还可能主动找上门来。

巴黎有家"廉价商场"，店面很大，里面的员工数以千计，产品也应有尽有。这家商场有两个颇具特色的亮点：一个是童叟无欺，不管谁来买，商品都是一个价，且价格都很低；另一个是，他们非常注重自己员工的素质，员工必须尽一切努力做到让顾客满意。凡是其他商店能做到的，他们都必须做到，还要做得更好。这样，他们就给每一个来过"廉价商场"的顾客都留下了美好的印象。因此，这个商店的生意也是蒸蒸日上，最后还成为全球最大的零售商店之一。

还有一个贫穷的牧师，他的经历也相当奇特。有一次，他在教堂门口看到几个小青年在捉弄两个身着古旧样式衣服的老妇人。他们的嘲笑使老妇人非常窘迫，以致不敢踏进教堂。牧师见后主动带着她们走入里面坐了下来。两个老妇人尽管和这个牧师素不相识，但这之后却把一笔很大的财产留给了他,他的好心得到了好报。

修养本身就是一笔财富。文明的举止足可以起到替代金钱的作用,有了它就像有了通行证一样,随处畅通无阻。有修养的人不用付出太多就可以享受到一切,他们在哪里都能让人感到有如阳光般的温暖,处处受人欢迎。因为他们带来的是光明、是太阳、是欢乐。一切妒忌、卑劣的心理,遇到他们自然也就会举手投降了,你想,蜜蜂又怎会去蜇一个浑身沾满蜂蜜的人呢?

英国政治家柴斯特·菲尔德说:"一个人只要自身有修养,不管别人的举止多么不恰当,都不能伤他一根毫毛,他自然就给人一种凛然不可侵犯的尊严,会受到所有人的尊重;而没有教养的人,容易让人生出鄙视的心理。"

说到这里,不仅想起一个故事:

有位男士非常向往绅士风度,于是他来到一座绅士会所,希望能够有所收益。

刚刚进门,一位女侍应生由于走得急,不小心将托盘中的酒洒到了他的礼服上。这位男士眼见自己新做的礼服被弄脏,不禁怒由心生,破口大骂:"混蛋,你走路没长眼睛啊!竟然弄脏了我的礼服,真倒霉!"

尽管女侍应生一再道歉,但该男士依旧不依不饶,骂个不停,弄得那女孩子眼泪直在眼眶中打转。这时,会所的女主管走了过来,说道:"先生,真对不起,她是刚来的,不懂规矩,我代她给您道歉。"

"道歉?!道歉就能让我的礼服变干净吗?它可足足花了我半个月的工资!"说着,该男士又骂了起来。

片刻之后,女主管问道:"先生,请问您来这里是做什么的呢?"

"我是来学绅士风度的,谁知道遇上这么个不长眼睛的,真倒霉!"

"那么,我来教您吧。"女主管说着,走到一位正在谈话的男士身边,

Chapter 7 涵养
修养决定气场，有权有钱有样都不如有修养

故意将酒洒在了对方的礼服上。

"哦，先生对不起，我不是有意的。"

对方连忙起身，对女主管施了一礼，关心地问道："我没有吓到您吧？"

女主管转向骂人的男士："你看，这就是绅士风度。"

那位男士满脸羞红，逃也似的出了会所。

当别人无意冒犯你时，你是会"得理不饶人"，还是会一笑了之？此时此刻，请一定要慎重选择，因为这足以体现你作为一个男人的风度。

诚然，装扮得漂亮的确是一件好事，会引来大家的交口称赞。但这种外在美毕竟是比较低层次的美，它不应该妨碍我们去追求真正生活中更高层次的美。一些男士，错误地将所有精力、所有时间以及全部收入都放在了衣着上，却大大忽略了内心的修炼，忽略了他人对我们的要求和期望。这种关心外在胜于关心内在的行为往往是很不可取的。

要知道，良好的举止足以弥补一切自然的缺陷。通常，一个男人最吸引人们的，不是容貌的魅力，而是举止的优雅。古时候，希腊人认为美貌是上帝的特殊恩宠，但同时，如果一个具有美貌的人没有同样美丽的内在品质，就不值得我们欣赏了。在古希腊人的心目中，外在的美貌其实是某种内在的美好气质的反映，这些气质包括快乐、和善、自足、宽厚和友爱等。

亚里士多德曾描述过一个真正具有教养的绅士应该是什么样的："无论身处顺境、逆境，一个宽宏大量的人都会追求行事适度。他不期望人们的欢呼喝彩，也不让别人对他嘲弄贬低；成功的时候不会得意忘形，遭受了失败也不愁眉苦脸。他不会去做无谓的冒险，不会随随便便谈论自己或者别人；他不在意别人的诽谤，也不会对人委曲求全。"

真正有教养的男人就应当表里如一。宝石上光之后尽管更亮，但首先它必须是颗宝石。而一个真正懂得做人的智者是举止温文尔雅、谦逊知礼、不会轻易动怒、更不会主动挑衅的人。他从不恶意猜测别人，更不用说自己会去做罪恶的事了。他努力克制欲望，提高自身品位，出言谨慎，尊重他人。他可能会失去一切，但绝不会失掉勇气、乐观、希望、德行和自尊。这样，即使他没有了一切，他仍然是一个富有的人。

有涵养的男人不会用争吵解决问题

　　与人打交道，对一些事情产生分歧和矛盾是很正常的事情。这时候，若是一个明智的人，就不会随便指责任何人。尽管你已经知道事情的整个过程，尽管你坚信自己的判断是正确的，但也要展现出自己成熟的风度，这不但代表着你已经步入成熟，也向对方展现了你理智的一面，这样的行为对于我们来说绝对是非常重要的。

　　在海军服役两年后，威拉德·斯科特回到了华盛顿。正如他所料想的，他以前服务的公司——全国广播公司正在等他回去工作。但是他没有料想到的是，公司换了新的老板，而且不知道是什么原因，这位新上司看起来好像不太满意他。

　　开始的时候斯科特尽量保持冷静，他努力工作，想向上司证明自己的实力。可是后来有一件事让他忍不住了。《快乐孩子》这个节目是斯科特和他的好友兼助手埃迪·沃克一直在主持的滑稽节目，但是新上司给他们安排的时间却差得不能再差了——将近午夜。

>>> Chapter 7　涵养
修养决定气场，有权有钱有样都不如有修养

斯科特怒火中烧，他准备找老板大吵一架，哪怕因此丢掉饭碗也在所不惜。可是，他马上又想起了《圣经》中所罗门王的一句话："有见识的人不轻易发怒，宽恕别人的过失，便是自己的荣耀。"于是他冷静了下来，和埃迪·沃克接受了这一讨厌的时间安排。

他们任劳任怨、勤勤恳恳地干了三年后，这个节目成了华盛顿地区最受欢迎的滑稽节目。更为重要的是，他意识到了自己以前和老板打交道的时候也有错误。因为知道老板不喜欢自己，所以作为报复，他要么对老板不客气，要么就是尽量离他远远的，总是把矛盾搞得更为激化。可是有一天，老板邀请他去参加一个电台工作人员的聚会，斯科特没有办法推辞，只好去了。在那里，斯科特见到了老板的未婚妻，那是个漂亮活泼、待人诚恳的好姑娘。斯科特想，这样美丽热情的姑娘又怎么会喜欢一个一无是处的男人呢？通过她，斯科特对老板的为人有了新的认识。

渐渐的，斯科特对老板的态度改变了，而老板对他的态度也逐渐改变了。事实上，他们成了好朋友，他仍然在全国广播公司工作，后来还担任了《今天》这一节目的气象预报员。

真要感谢所罗门王的教诲。如果不是所罗门王的那句话让斯科特冷静下来，如果他没能忍住那一时之气，没耐住那三年的辛苦，那么他也就不会成为公司里重要的一员了。

生活不可能平静如水，人生也不会事事如意，人的感情出现某些波动也是很自然的事情。可有些人往往遇到一点不顺心的事便火冒三丈，怒不可遏，乱发脾气。结果非但不利于解决问题，反而会伤了感情，弄僵关系，使原本已不如意的事更加雪上加霜。

如果你控制不了自己的坏脾气，那么想想我们的坏脾气给自己的生活带来了多么大的麻烦吧！当你用一张死板的面孔面对自己的同事和下属的时候，当你用不耐烦的口气挂断父母的电话的时候，当你回到家对自己的家人大吵大嚷的时候，他们都将会以怎样的心情承担坏脾气带来的不良氛围呢？如果长此以往下去，你一定会变成一个不受欢迎，被别人敬而远之的人。因为别人也是人，别人也同样有自己的脾气，没有人能够永远地去包容你的坏脾气，更不会有人能长时间地去容忍因为你的坏脾气给自己带来的麻烦。

所以，我们应该努力管理好自己的情绪，以豁达开朗、积极乐观的健康心态去工作、去生活，而不是让急躁、消极等不良情绪影响到我们自己和你身边那些最爱的人。我们不要让自己的情绪影响自己的心情，更不要让自己的坏脾气影响到别人的心情。毫无疑问，我们应该成为自己情绪的主人，这样才能营造一个健康快乐的人生。

不管你身份如何，有错最好认错

人即使再聪明也总有考虑不周的时候，有时再加上情绪及生理状况的影响，就会不可避免地犯错。

人犯了错，一般有两种反应，一种是死不认错，而且还极力辩白。另一种反应是坦白认错。

第一种做法的好处是不用承担错误的后果，就算要承担，也因为把其他的人也拖下水而分散了责任。此外，如果躲得过，也可避免别人对你的形象及能力的怀疑。但是，死不认错并不是上策，因为死不认错的坏处比好处多得多。

>>> **Chapter 7　涵养**
修养决定气场，有权有钱有样都不如有修养

遗憾的是，偏偏有一些人，从不知道自己有什么过错，甚至把错的也看成是对的。这是不能见其过的人。有一种人，明知自己错了，却甘于自弃，或只在口头上说错了，这是不能内省自讼的人。还有一种人，有错误也能责备自己，却下不了决心改正，这是不能改过的人。

诚然，无论做什么事，我们都希望自己是对的。当我们得出正确的结论时，我们会感到特别高兴。但我们应该知道，在人们所做的事情中，很少有人能说哪些事情是百分之百正确或百分之百错误的。然而，不管是在学校也好，公司也好，还是从事政治活动或是在运动场上，我们所有的社会系统都只能容忍我们做出正确的事情。结果很多人都在充满防御的心理下长大，而且学会掩饰自己的错误。

其实，诚实认错，坏事可以变成好事。姑且不论犯错所需承担的责任，不认错和狡辩对自己的形象有强大的破坏性，因为不管你口才如何好，又多么狡猾，你的逃避错误换得的必是"敢做不敢当"之类的评语。最重要的是，不敢承担的错误会成为一种习惯，也使自己丧失面对错误、解决问题和培养解决问题能力的机会。所以，不认错的弊大于利。

1970年12月7日，时任德国总理的勃兰特以"伙伴"身份访问波兰，他此行的目的是促进两国关系的正常化。

波兰是第二次世界大战中第一个被德国以闪电战击溃的国家。据悉，在第二次世界大战期间，波兰共计死亡600余万人，其中包括300万犹太裔波兰人，当时的波兰与德国可谓仇深似海。

勃兰特在12月7日当天，首先代表德国做了一件他前任所拒绝做的事情——与波兰签订《德波协定》，承认奥德河—尼斯河为德波国界，战后首次承认了波兰的领土完整。

随后，他来到华沙犹太人殉难纪念碑前，虔诚地为当年起义的遇难者献上花圈，在拨正花圈上的挽联后，勃兰特默默地后退几步，突然双膝一曲，跪倒在了纪念碑前。

这一跪并不是计划之中的做作之举，据勃兰特事后表示，他之所以跪倒在纪念碑前，是因为语言已经失去了表现力。

这一跪在德国国内引发了强烈反响，许多人因此而指责他。

这一跪对数百万的波兰遇难者表达了无与伦比的尊重，勃兰特承担了过去、现在和未来意义上的责任，令整个世界为之动容。

这一跪，勃兰特用自己的谦卑、寻求和解的至诚，将一个崭新的、自由民族和平的德国展现在了世人面前，令德波和解掀开了一页新的篇章。

40年后的同一天，2010年12月7日，当现任德国国家总统武尔夫再度来到华沙犹太人殉难纪念碑前敬献花圈时，他表示了对勃兰特的无比尊敬。他称赞，这历史性的一跪是最伟大的和解姿态。

勃兰特这一跪为何能够引起如此大的反响？因为他让全世界看到了自己的真诚，历史的过错并不是因他而起，但作为一国元首，他必须承担起这份历史责任，他用这一跪向波兰乃至全世界人民道出了一句最为真诚的"对不起"，他也因而得到了全世界人民的尊重。

其实，与其矢口否认，不若勇敢承担。若是大错，遮掩不住，狡辩无非是"此地无银三百两"，令人对你心生嫌恶。若是小错，用狡辩去换取别人对你的嫌恶，更划不来。

Chapter 8
谈 吐

言值决定价值，
巧男人用漂亮话闯天下

　　谈吐中的人格魅力，是指在语言交流中一个人的性格、气质、能力等的个性化表现。人格魅力在语言中的表现形式是多种多样的，或达观开朗，或宽容忍让，或微言大义，或义正词严，或一言九鼎，或仪态万方。良好的谈吐能够充分展示出这些人格魅力，同时令人折服。

请用善意的心与这个世界对话

　　你并非踽踽单行，在这个世界上，虽然人们各自走着自己的生命之路，但是纷纷攘攘中难免会有碰撞。如果冤冤相报，非但抚平不了心中的创伤，而且只能将伤害捆绑在无休止的争吵上。

　　有位朋友，总是愤世嫉俗，由于在学习、生活、工作中遭遇了许多误解和挫折，渐渐地，他养成了以戒备和仇恨的心态看世界的习惯。在压抑郁闷的环境中他度日如年，几乎要崩溃，感觉整个世界都在排斥他。

　　他有一种强烈的发泄欲望。多年来这种念头一直缠绕着他，他想在自己所处的环境发泄，又担心受到更多的伤害，他一直压抑、克制着自己的这种念头，但越是克制越烦恼，他因此寝食不安。

　　一天他为了散心去登山。登上山顶后他坐在山上，无心欣赏幽雅的风景，想想自己这些年遭遇到的误解、歧视、挫折，他内心的仇恨像开闸的洪水一样，汹涌而出。他大声对着空荡幽深的山谷喊到："我恨你们！我恨你们！我恨你们！"话一出口，山谷里传来同样的回音："我恨你们！我恨你们！我恨你们！"，他越听越不是滋味，又提高了喊叫的声音。他骂得越厉害，回音更大更长，扰得他更恼怒。

　　就在他再次大声叫骂后，从身后传来了"我爱你们！我爱你们！我爱你们！"的声音，他扭头一看，只见不远处寺庙里的方丈在冲着他喊。

　　片刻方丈微笑着向他走来，他见方丈面善目慈，便一股脑说出了自己所遭遇的一切。

>>> Chapter 8　谈吐
言值决定价值，巧男人用漂亮话闯天下

听了他的讲述，方丈笑着说："晨钟暮鼓惊醒多少山河名利客，经声佛号唤回无边苦海梦中人。我送你四句话。其一，这世界上没有失败，只有暂时没有成功。其二，改变世界之前，需要改变的是你自己。其三，改变从决定开始，决定在行动之前。其四，是决心而不是环境在决定你的命运。你不妨先改变自己的习惯，试着用友善的心态去面对周围的一切，你肯定会有意想不到的快乐。"

他半信半疑，表情很复杂。方丈看透了他的心思，接着说："倘若世界是一堵墙壁，那么爱是世界的回音壁。就像刚才，你以什么样的心态说话，它就会以什么样的语气给你回音。爱出者爱返，福往者福来。为人处世许多烦恼都是因为对外界苛求得太多而产生的。你爱别人，别人也会给你爱；你去帮助别人，别人也会帮助你。世界是互动的，你给世界几分爱，世界就会回你几分爱。爱给人的收获远远大于恨带来的暂时的满足。"

听了方丈的话，他愉快地下山了。

回去后他以积极、健康、友爱的心态对待身边的一切，他和同事之间的误解消除了，没有人再和他过不去，工作上他比以往好多了，他发现自己比以前快乐多了。

的确，爱是世界的回音壁，想要消除仇恨，给生命增添些友爱，就请用善意的心灵与世界对话。你的声音越发友善，得到的回复将越发美妙，这美妙的回复又会给我们的心灵带来更多的平和与欢乐。

其实善意，对他人而言也是无价之宝，透过善意，我们可以给予需要爱的人温暖。爱与被爱的人，比远离爱的人幸福。我们付出越多的善意，就会得到越多善意的回报，这是永恒的因果关系。

不良说话习惯，让你魅力大打折扣

不良的说话习惯令人心生厌烦。许多人在与人交谈的时候，常伴有一系列长时间以来养成的小习惯，而这些不经意间的小细节恰恰是自身品位的致命伤。

一是使用鼻音说话。这是一种常见且影响极坏的缺点，当你使用鼻腔说话时，你就会发出鼻音。如果你使用大拇指和食指捏住鼻子，你所发出的声音就是一种鼻音。

如果你使用鼻音说话，当你第一次与人见面时，就不可能吸引他人的注意。你的话让人听起来像是在抱怨，毫无生气，十分消极。不过，如果你说话时嘴巴张得不够，声音也会从鼻腔而出。当你说话时，上下齿之间最好保持半寸的距离。鼻音对于女人的伤害比对男人更大，你不可能喜欢一位不断发出鼻音却显得迷人的女子。如果你期望自己在他人面前具有极大的说服力，或者令人心悦诚服，那么你最好不要使用鼻音，而应使用胸腔发音。

二是有口头禅。在我们平常与人讲话或听人讲话之时，经常可以听到"那个、你知道、他说、我说"之类的词语，如果你在说话中反复不断地使用这些词语，那就是口头禅。口头禅的种类繁多，即使是一些伟大的政治家在电视访谈中也会出现这种毛病。

有时，我们在谈话中还可以听到不断有"啊""呃"等声音发出，这也会变成一种口头禅，请记住奥利弗·霍姆斯的忠告——切勿在谈话中发出那些可怕的"呃"音。如果你有录音机，不妨将自己打电话时的声音录下来，听听自己是否出现这一毛病。一旦弄清自己的毛病，那么在以后与人讲话的过程中就要时时提醒自己注意这一点，当你发现他人使用口头禅时，你会感到这些词语是多么令人烦躁、多么单调乏味。

三是小动作过多。检查一下自己，你是否在说话途中不停地出现以下动作：坐立不安、蹙眉、扬眉、扭鼻、歪嘴、拉耳朵、扯下巴、搔头发、转动铅笔、拉领带、弄指头、摇腿等，这些都是一些影响你说话效果的不良因素。当你说话时，听众就会被你的这些动作所吸引，他们会看着你的这些可笑的动作，根本不可能认真地听你讲话。

有一位公司老板，当他做公共讲话时，总是让自己的秘书与观众站在一起，如果他的手势太多，秘书就会将一支铅笔夹在耳朵上，以示提醒。当然我们不可能人人做到如此，但你在讲话时，完全可以自我提示，一旦意识到自己出现这些多余的动作，就应该赶紧改正。

四是你的眼神表现出心不在焉。当你与别人握手致意时，你们便彼此建立了一种身体的接触。眼神的交汇作用也同样重要，通过相互传递一种眼神，你们便可以建立一种人际关系。

眼神不仅可以向他人传递信息，你也可以从他人的眼神中接收到某些信息。你似乎听到他们在说：

"真有意思！"

"真令人讨厌。"

"我明白了。"

"我被你给弄糊涂了。"

"我准备结束了。"

"我十分乐意听你讲话。"

"我不想和你讲话。"

……

当你说话的时候，你的眼睛也是否在说话？或者你故意回避他人的视线，而不敢与人相对而视，因为那会令你觉得不适。你是否会边说边将眼睛盯在天花板上？你是否低头看着自己的双脚？你看到的是一簇簇的人群，还是一个个的人？总之，再没有比避开他人视线更容易失去听众了。

我们要提升自己的品位，提高自己的地位，当务之急就是要有一个好人缘，让更多的人接受你、欢迎你。要做到这一点，从现在开始就必须把那些令人心生厌烦的说话习惯统统改掉。

多说温暖话，做个暖男人

平常我们会说很多废话，这更容易使我们产生错觉：说话嘛，有什么重要的，小事一桩。事实上，这是因为你没有尝试多说一些关心他人的话，一旦这种关心被他人真切地感受到，情况会大不一样。

就是由于对别人的事情同样强烈地感兴趣，使得查尔斯·伊里特博士变成有史以来最成功的一位大学校长。他当哈佛大学的校长，从南北战争结束一直到第一次世界大战的前五年。下面是伊斯特博士做事方式的一个例子。有一天，一名大学一年级的学生克兰顿到校长室去借50美元的学生贷款，这笔贷款获准了。下面是这位学生后来在一篇文章中的叙述——"伊斯特校长说：'请再坐会儿。'然后他令我惊奇地说：'听说你在自己的房间里亲手做饭吃。我并不认为这坏到哪里去，如果你所吃的食物是适当的，而且分量足够的话。我在念大学的时候，也这样做过。你做过牛肉狮子头没有？如果牛肉煮得够烂的话，就是一道很好的菜，因为一点也不会

>>> Chapter 8 谈吐
言值决定价值，巧男人用漂亮话闯天下

浪费。当年我就是这么煮的。'接着，他告诉我如何选择牛肉，如何用文火去煮，然后如何切碎，用锅子压成一团，冷后再吃。"

还有一件同样的事，一个似乎一点都不重要的人，却帮了新泽西强森公司的业务代表爱德华·西凯的忙，使得他重新获得了一位代理商。"许多年前"，他回忆说，"在马萨诸塞地区，我为强森公司拜访了一位客户。这个经销商在音姆的杂货店。每次到店里去，我总是先和卖冷饮的店员谈几分钟的话，然后再跟店主谈订单的事。有一天，我正要跟一位店主谈，但他要我别烦他，他不想再买强森的产品了。因为他觉得强森公司都把活动集中在食品和折扣商品上，而对他们这种小杂货店造成了伤害。我夹着尾巴跑了，然后到城里逛了几小时。后来，我决定再回去，至少要跟他解释一下我们的立场。"

"在我回去时，我跟平常一样跟卖冷饮的店员都打了招呼。当我走向店主时，他向我笑了笑并欢迎我回去。之后，他又给了我比平常多两倍的订单，我很惊讶地望着他，问他我刚走的几小时中发生了什么事。他指着在冷饮机旁边的那个年轻人说，我走了之后，这个年轻人说：'很少有推销员像你这样，到店里来还会费事地跟他和其他人打招呼。'他跟店主说，假如有人值得与他做生意的话，那就是我了。他觉得也对，于是就继续做我的顾主。我永远都不会忘记，真心地对别人产生点兴趣，会是推销员最重要的品格——对任何人都是一样，至少以这件事来说是如此。"

一个人要是对别人真诚地感兴趣的话，哪怕你一句极平常的话也可以从即使是极忙碌的人那儿得到注意、时间和合作。

语言真诚,最能达成情感共鸣

说话的魅力并不在于说得多么流利,多么滔滔不绝,而是在于是否善于表达真诚。善于在言谈话语间表达出自己的真诚的男人,能够把自己的心意传递给听者,使听者达到情感上的共鸣,从而打动听者的心;而流畅但缺乏诚意的话语,就像没有生命力的绢花一样,虽然美丽但不鲜活。

有一位老师写了一本思想政治工作方法的书,出版社没有给他稿费,而是让他自行推销一千册作为报酬。对那位老师来说,这远比讲课要难得多。

为了把书推销出去,他在学员队搞了一次演讲,他说:"……当老师的在这里推销自己写的书,总不免有些尴尬。不过,如今作者也很难,写了书,还得卖书。出版社一下压给我一千册,稿费一文没有,所以我不推销不行。这本书写得怎样,我自己不好评说。不过有两点可以保证:第一,这本书是我用三年时间完成的,是我心血的结晶;第二,书的内容绝不是东拼西凑抄下来的,是我自己长期思考的见解。前不久,这本书被思想政治工作研究会评为社科类图书的二等奖,这是获奖证书。说实话,对于我们这些教书匠来说,搞推销比写书还觉得难,只是硬着头皮来找大家帮忙。不过,买不买完全自愿,决不强迫。如果觉得这本书对你有用,你又有财力就买一本,算是帮我一个忙。谢谢。"他的这次演讲立即产生了效果,一次就卖掉了300多册。

这位教员不是专职推销员,但是他却获得了成功。从某种意义上说,

>>> **Chapter 8　谈吐**
言值决定价值，巧男人用漂亮话闯天下

他的成功就在于他恰到好处地表达了自己的真诚，赢得了听众的信赖。这再一次说明，在讲话中学会表达真诚要比单纯追求流畅和精彩更重要。

真诚的说话，其诚挚的态度能够直接影响听众的情绪，关系到听众对讲话内容的接受程度。诚挚、热情、坦率的说话能够缩短讲话者与听众之间的距离，使听众始终为讲话者的诚恳坦直所打动，大大增强讲话的实效。

有一天，杰克推开门的时候，看见一位持刀的男人正恶狠狠地盯着自己。杰克灵机一动说："你真会开玩笑，是推销菜刀来的吧？我喜欢，我要把……"边说边将男人请进屋，然后又说："你很像我以前的一位好心的邻居，见到你真高兴。你要咖啡还是茶……。"

男人渐渐地腼腆起来，他有点结巴地说："谢谢，哦，谢谢。"

最后杰克真的买下那把明晃晃的菜刀，持刀男人拿着钱迟疑了一下真的走了，男人正转身离开的时候对杰克说了一句话："先生，你将会改变我的一生。"

杰克以他真诚的语言驱走了恶的魔头，引来了爱的天使，真诚使他睿智无比。

事实上，高明的口才家总是用真实的情感、竭诚的态度去呼唤人们的心灵，使它振奋、感化、慰藉、激励。对真善美，热情讴歌；对假丑恶，无情鞭挞。用诚挚的心去弹拨他人的心弦，用善良的灵魂去感化他人的胸怀。让听者闻其言，知其意，见其心，达到情感上的共鸣，就会令讲话如春风化雨，润物无声，潜移默化，产生磁铁般的影响。

不管世界上哪一个民族的语言，只要饱含真诚的情感，就能产生巨大的影响，就能唤起群众的热诚，就有震撼人心的力量。美国著名作家马克·吐温说得好："热情是每个艺术家的秘诀。这如同英雄有本领一样，是不能拿假武器去冒充的。"任何语言，情不真，情不深，则无以动人。

鲁迅说得很深刻："只有真的声音，才能感动中国人和世界人；必须有真的声音,才能同世界人同在世界上生活。"这个"真"就是真实和笃诚。

　　真诚的态度是成功的交际者的妙诀,也是演说者和听众融为一体、在情感上达到高度一致、在情绪上引起强烈共鸣的妙诀。那种把自己看作是凌驾他人之上的布道者,或自视为高人一等的儒士、学者,开口就是"我要求你们""大家必须""我们应该"这类的命令式词句,或用满口堂而皇之地言辞掩饰自己的真情,听众是绝对反感的。所以,当你说话时,不要忘记满怀真情实感。

幽默是男人社交场上最漂亮的服饰

　　在女人眼中,有幽默感的男人是有魅力的,当然不仅仅只有女人这样认为。男人的幽默感可以让整个世界都绽放出灿烂的微笑。在与人交往的过程中,难免会有一些分歧和矛盾,作为男人面子是不能丢的,但因此若使关系紧张也绝对不可以。这时候用幽默扫平尴尬,不失为一条锦囊妙计,它不但会使整个气氛得到缓和,还会为你赢得不错的口碑和赞扬。

　　男人不应该是古板的动物,如果男人古板,那么整个世界至少会失去一半的光彩。幽默是一种艺术也是一门学问,它不但能够为你赢得更多人的关注,还可以成为你摆平尴尬气氛的可靠武器。使本来紧张的局面在瞬间变得和谐起来,使针锋相对的两个人不失体面地恢复到友好的状态。这一切的一切都在说明着幽默在这个世界上的位置。男人们,我们要想在人前彰显自己别样的风度和个性,不如从现在起有意识地学习一些简单的幽

Chapter 8 谈吐
言值决定价值，巧男人用漂亮话闯天下

默，并慢慢改变自己的古板性格，它不但会帮你与别人建立起进一步沟通的桥梁，还会悄悄地融进你的生活，让你感受到人生的另一种兴奋和快乐。

欧阳力强每天早上都想多睡一会儿，起得晚了，于是经常迟到，不知道上司厉声警告他多少次了。上次，上司还盯着他的眼睛说："欧阳力强！要是你下次再迟到，你就自己收拾东西，不用我多说了！"

一连好几天，欧阳力强都起得很早，但是这天却不巧遇到了交通堵塞。"生病""轮胎漏气""闹钟坏了""邻居家的老人中风了，送他去医院了"……这些理由也太不新鲜了，而且这些老一套已经不管用了，上司大概已经为解聘准备好了托词，或者说是自己造成了这种局面。

等到欧阳力强到了办公室的时候，里面悄然无声，每个人都埋头干活。一个同事冲他使个脸色，示意上司很生气，后果很严重。果然，上司一脸严肃地朝他走了过来。

欧阳力强突然满面微笑地握住上司的手说："您好！我是欧阳力强，我是来这里应聘工作的，我知道35分钟之前这里有一个空缺，我想我应该是最早来应聘的吧，希望我能捷足先登。"说完，欧阳力强一脸自责又充满希望地看了看上司。

办公室突然哄堂大笑，上司憋住不让自己笑出声来，"快点工作吧！"说完自己走到办公室独自大笑起来。欧阳力强，就这样保住了自己的工作。

这就是幽默巨大的作用，它总是能让人愉快地接受说服者的意见。这个世界需要欢乐，所有人都愿意和能够制造欢乐的人在一起沟通共事。它引发的笑声和愉悦的氛围，可以改善交流的环境，这样一来，烦恼变为欢畅，痛苦变为愉快，尴尬也转为了融洽。它犹如一块磁铁，深深地吸引着周边的人，博得对方的好感，很快地将彼此的距离拉近。它又好比尴尬的润滑剂，在无形中消除了彼此的怒气和怨恨。

一个男人的语言可以像优美的歌曲,也可以像伤人的邪火。幽默机智的语言能给人以喜悦满足之感。在社交中,适地适时地运用幽默,将会使人们的关系更加和谐、亲切。

在人际交往中,幽默的作用是显而易见的,但过分的幽默往往会使人产生厌恶的感觉,尤其是初交时。所以,在第一次交往中,便表现出过分聪明和很有才华的样子,不一定就会引起别人的好感。能做到庄重而不冷漠,幽默而无谐谑,这里包含相当深的学问。善于幽默的男人,不应该取笑别人,免得使人感到窘迫。有时,宁可将自己作为取笑的对象,以此使整个场面轻松、欢快。所以,富有幽默感的男人很少筑起自我防卫的高墙。幽默是人类特有的天赋,幽默与智慧相伴。古往今来,许多智者都不无幽默感,他们的智趣中蕴涵幽默,而幽默中含有机智。正如俄国文学家契诃夫所说:"不懂得开玩笑的人是没有希望的人。"

再让我们看看下面的一个故事:

著名国画大师张大千在抗日战争胜利后,很想回一趟自己的老家四川。临行前,他的一个学生设宴为老师送行。宴会上还邀请到了梅兰芳等许多社会名流。

当宴会开始的时候,张大千先生便站起身来,向梅兰芳先生敬酒,他说:"梅先生,你是个君子,我是个小人,所以我先敬你一杯。"梅兰芳不知其含意,就笑着问道:"此话怎解?"张大千先生笑着说:"正所谓君子动口不动手,你是个君子——就只管动口,我是个小人——就只管动手了。"张大千先生用幽默的语言使在场所有宾客都为之大笑,宴会气氛一片大好,在座的所有宾客都打心底里佩服他的风趣幽默。

我们常有这样的体会,在会场或聚会中,一席趣语可使笑语满堂,气氛和谐而轻松,增加接受效果;在友人间的笑谈中,一则笑话,常令人捧腹不止,在笑声中交流和深化了感情;在旅游登山时,一句幽默,引出一阵嘻嘻哈哈,顿时使人倦意全消,鼓劲前行。可见,幽默与笑是情同手

Chapter 8 谈吐
言值决定价值，巧男人用漂亮话闯天下

足的姐妹。上乘的幽默是鼓劲的维生素，是交际的润滑剂，是智慧的推进器。

幽默的本质就是有趣、可笑和意味深长。幽默是人类智慧的结晶，是一种高级的情感活动和审美活动。幽默的作用不仅是让人发笑，那只是它最肤浅的作用，其对于制造幽默的人作用更为强大。只要我们灵活地运用好这份强大的力量，那么我们的生活就会从此变得更有色彩，我们的身边就会拥有更多赞许和钦佩的目光。

幽默代表着男人的独特魅力，它不但能体现这个男人优秀的社交水平，还能够达到调节气氛、免除争执、化解尴尬的目的，它可以让你的形象在众人面前锦上添花，还可以让你的绅士风度大放光彩。所以，男人，一定要掌握幽默这个法宝，有了它社交上的很多难题就会迎刃而解了。

永远不要做拂人面子的蠢事

有位文化界人士，每年都会受邀参加某专业团体杂志年终的评鉴工作，这工作虽然报酬不多，但却是一项难得的荣誉，很多人想参加却找不到门路，也有人只参加一两次，就再也没有机会。问他为何年年有此殊荣，他在退了休，不再参加此项工作后才公开了其中秘诀。

他说，他的专业眼光并不是关键，他的职位也不是重点，他之所以能年年被邀请，是因为他很会给人留面子。他说，他在公开的评审会议上一定把握一个原则：多称赞、鼓励而少批评，但会议结束之后，他会找杂志的编辑人员，私底下告诉他们编辑上存在的问题。因此虽然杂志有先后名次，但每个人都保住了面子，而也就是因为他顾及别人的面子，承办该项业务的人员和各杂志的编辑人员，都很尊敬他、喜欢他，当然也就每年找他当评审了。

其实，我们生活中的每一个人，都非常重视自己的面子，为了面子，小则翻脸，大则会闹出人命；如果你是个对别人面子不重视的人，那么你必定是个不受欢迎的人；如果你是个只顾自己面子，却不顾别人面子的人，那么你肯定有一天要吃暗亏。

明太祖朱元璋出身贫寒，做了皇帝后自然少不了有昔日的穷哥们儿到京城找他。这些人满以为朱元璋会念在昔日共同受苦的情分上，给他们封个一官半职，谁知朱元璋最忌讳别人揭他的老底，以为那样会有失面子，更损自己的威信，因此对来访者大都拒而不见。

有位朱元璋儿时一块光屁股玩大的好友，千里迢迢从老家凤阳赶到南京，几经周折总算进了皇宫，一见面，这位老兄便当着文武百官大叫大嚷起来：“哎呀，朱重八，你当了皇帝可真威风呀！还认得我吗？当年咱俩可是一块儿光着屁股玩耍，你干了坏事总是让我替你挨打。记得有一次咱俩一块偷豆子吃，背着大人用破瓦罐煮，豆还没煮熟你就先抢起来，结果把瓦罐都打烂了。豆子撒了一地。你吃得太急，豆子卡在嗓子眼儿还是我帮你弄出来的。怎么，不记得啦？”

这位老兄还在那喋喋不休唠叨个没完，宝座上的朱元璋再也坐不住了，心想此人太不知趣，居然当着文武百官的面揭我的短处，让我这个当皇帝的脸往哪儿搁。盛怒之下，朱元璋下令把这个穷哥们儿杀了。

其实，这位老兄并没有做错任何事情，只是过于老实地说出了几句大实话，而没有注意要给当今的一国之君留点面子。皇上在恼羞成怒的情形之下，又哪顾得上什么兄弟情谊。所以在待人处世中，必须注意要给别人留面子，这也是很多待人处世的高手不轻易在公开场合批评别人的原因，宁可高帽子一顶顶地送，也不能戳到别人的痛处，让对方丢掉了脸面。而

>>> **Chapter 8　谈吐**
言值决定价值，巧男人用漂亮话闯天下

且，如果你照顾到了对方的面子，对方也会如法炮制，给你面子，人与人之间的关系也会因此而更加和谐。

那么，在待人处世中，怎样才能顾及别人的面子，处理好人与人之间的"面子问题"呢？

第一，要善于择善弃恶。在待人处世中要多夸别人的长处，尽量回避对方的缺点和错误："好汉不提当年勇"，又有谁人愿意提及自己不光彩的一页呢？特别是如果有人拿这些不光彩的问题来做文章，就等于在伤口上撒盐，这无疑是让人不能接受的。

有一位年轻的姑娘长得很胖，试了很多减肥方法也不见效果，心里很苦恼，也最怕有人说她胖。有一天，她的同事小张对她说："你吃了什么呀，像气儿吹似的，才几天工夫，又胖了一圈儿。"胖姑娘立马恼羞成怒，"我胖碍着你什么了？不吃你，不喝你，真是狗拿耗子，多管闲事！"小张不由闹了个大红脸。在这里，小张明知对方的短处，却还要把话题往上赶，自然就犯了对方的忌讳，不找麻烦才怪哩。

第二，指出对方的缺点和不足时，要顾及场合，别伤对方的面子。有一个连队配合拍摄电影，因少带了一样装备，致使拍摄无法进行。营长火了，当着全连战士的面批评连长说："你是怎么搞的，办事这么毛毛躁躁，就连上战场也装备不齐？"连长本来就挺难过的，可营长偏偏当着自己的部下狠狠批评自己，自然觉得大失面子，于是不由分辩道："我没带是有原因的，你也不能不经过调查就乱批评！"营长一下懵了，弄不懂平时服服帖帖的连长怎么会这样顶撞他。事后，在与连长谈心交换意见时，连长说："你当着那么多战士的面批评我，我今后还怎么做工作？"从这个事例中不难发现，假如营长是私下批评，连长不仅不会发火，还会虚心接受批评。营长错就错在说话没有注意时机和场合。

第三，巧给对方留面子。有时候，对方的缺点和错误无法回避，必须直接面对，这时就要采取委婉含蓄的说法，淡化矛盾，以免发生冲突，古时候，吴国有个滑稽才子，名叫孙山。他与乡里某人的儿子一同参加科举考试。考完后，孙山先回到了家，那个同乡的父亲就向孙山打听自己的儿子是否考上了。孙山笑着回答说："解名尽处是孙山，贤郎更在孙山外。"孙山的回答委婉而含蓄，既告诉了结果又没刺到对方的痛处。如果孙山竹筒倒豆子，直告对方落榜，那么对方的反应就可想而知了。可惜的是，在现实生活中，我们周围许多人说话往往太直接，结果好心办了坏事。

此外，在与人交往的过程中，为了"面子上过得去"，还必须对对方有一个充分的了解，做到既了解对方的长处，也了解对方的不足。因为每个人都会有自己的个性和习惯，有自己的需求和忌讳，如果你对交际对象的优缺点一无所知，那么交际起来，就会"盲人骑瞎马"，难免踏进"雷区"，引起别人的不快。

有品位的男人不拿别人隐私开玩笑

每个人都有不为人知的隐私。心理学家指出，没有愿意将自己的错误和隐私在众人面前"曝光"。所以，有品位的男人即便与对方的关系再好，也绝不会将别人的隐私公之于众，更不会将其当作笑料来调侃。因为这样一来，无疑是让人家当众出丑，"受害者"必然会感到尴尬和愤怒。

李文强和夏董文二人不但是发小，还是大学校友，生意场上的伙伴。两人非常要好，已然到了无话不谈的地步，相互开玩笑时也无所顾忌。夏董文原在某厂任财务科长，因经济问题被判刑三年，老婆跟他离了婚。出狱后痛改前非，终于事业有成，和李文强一起，分别成为某集团公司属下两个分公司的经理。有一次，在总公司的例会上，轮到夏董文发言，夏董文谦逊道："我想说的大家都说过了，就不用再重复了。"李文强对夏董文的婆婆妈妈感到不满，开玩笑说："你谦虚什么呢，还怕别人得了你的真传吗？好，你不愿说，我来替你说，你的成功之处在于掌握了'三证'，一是大学毕业证，二是离婚证，三是劳改释放证。"在大家的哄笑声中，夏董文的脸一下变成了猪肝色。从此，夏董文与李文强划地断交，形同陌路。

中国有句老话叫"祸从口出"，因此，出言一定要谨慎，对什么话能说，什么话不能说，一定要做到心里有数。

一个毫无城府、随意调侃他人隐私的人，不仅会因为他的浅薄俗气、缺乏涵养而不受欢迎，还极有可能因此惹祸上身。

在日常生活中，为人应该谨慎一些，说话应该小心一些，对于他人的隐私，应该做到不闻不问，更不要执着于打探别人的隐私。

热衷于打探他人隐私的人，总是令人讨厌的，这一点在西方显得尤为突出。个人隐私所包括的面很广，诸如个人收入情况、女士年龄、夫妻情感、他人家庭生活等等，都属于个人隐私的范畴。

在西方人的交往中，"探问女士的年龄"被看成是最不礼貌的习惯之一，所以西方人在日常应酬中，可以对女士毫无顾忌地大加赞赏，却从不去过问对方的年龄。但是中国人就不同了，有的人常常一见面便问人家"芳龄几何"，弄得女士们答也不好，不答也不好，只好在以后的应酬中尽量避免与之接触。

所以说，在社交中能够避免探问对方隐私的嫌疑，这本身便是应酬成功的第一步。因此在你打算向对方提出某个问题的时候，最好是先在脑中过一遍，看这个问题是否会涉及对方的个人隐私，如果涉及了，要尽可能地避免，这样对方不仅会乐于接受你，还会为你在应酬中得体的问话与轻松的交谈而对你留下好印象，为继续交往打下了良好的基础。

人际交往中，我们最好不要随意触及他人的隐私。在特殊情况下，如果迫于形势，不得不提及他人的隐私，这时，你应该采用委婉的语言暗示对方你已经知道他的错处或隐私，让他感到有压力而不得不改正。一般来说，知趣的、会权衡的人是会顾全双方的脸面而悄悄收场的。

说话揭人短，等于当众打人脸

短处，人人都有，有的可能自己心里也很清楚，可是由别人嘴里说出来就让人不舒服。俗话说"打人不打脸，骂人不揭短"，没有一个人愿意让别人攻击自己的短处。若不分青红皂白，一味说对方的短处，很容易引发唇枪舌剑，最终导致两败俱伤。

究其根由，人们之所以怕被人揭短，主要是自尊心使然，感觉面子上过不去。因此说，男人若想建立一个良好的人际关系网，就一定不要去碰触别人的短处。

张三其人尖酸刻薄，常以揭人短为乐。一次朋友聚会，邻居李四因家有严妻不敢多喝，张三便乘着酒意大声叫嚷："你们知道李四为什么喝酒像喝毒药似的吗？因为他怕老婆！有一次李四喝酒喝醉了，不但被老婆扇了两耳光，最后还被赶到客厅去睡呢。"李四被张三当众揭了短，不禁羞怒焦急，但碍于众人又不好发作，便推脱有事，离座而去。

几日后，张三一家去购物，出门时风清气爽，刚到商场不久便阴云密布。张三妻子担心院中晾晒的生虫大米，便催促张三赶快回去。张三因由东西还没买，又想到李四在家，便不以为然地说道："没事的，李四今天

Chapter 8 谈吐
言值决定价值，巧男人用漂亮话闯天下

在家，他会帮我们收回去的。"

然而，当张三一家披着斜阳回到家中之时，却发现院中晾晒的大米已经被雨水泡得胀了起来。

所谓"远亲不如近邻"，李四的小心眼固然不值得称赞，但说到底还是张三揭人短在先，为了逞一时的口舌之快，得罪邻人，令其怀恨在心，这又是何苦来哉？事实上，生活中张三类型的人不在少数，他们似乎已经把"揭人短"当成了人生一大乐事，似乎只有道出别人的"短"，才能彰显自己的"长"，殊不知这样做的结果只会令人生厌，令朋友对其唯恐避之不及。

老话说"当着矬子不说矮话"，就是告诫人们在交往中不要伤及他人自尊。人生在世，各有所长，各有所短。若以己之长，较人之短，则会目中无人；若以己之短，较人之长，则会失去自信。这是应酬中尤其要注意的一点。

春秋时期，齐国宰相晏子是个矮子，有一次到楚国去出访。楚国的国君故意要以晏子的矮来耍笑一番，于是吩咐只开大门旁的小门。晏子一看，便知楚王的用意，于是晏子说道："只有出使狗国的人，才从狗洞中进去。今天我出使的是楚国，应该不是从此门中入城吧。"

楚国国君本想羞辱晏子，不曾想却反过来被晏子羞辱了一顿。我们在人际交往中应以此为鉴，尽可能避谈对方的短处。有一句话叫作"矮男如何不丈夫"，矮个子男人常被称为"三等残废"，几乎很少有姑娘愿意嫁给一个矮于自己的人，这是一种社会心态。但大多情况下，矮者往往另有所长，如果紧紧抓住一个人的小辫子，那么人人都会被抓个头仰体翻。所以我们说，当着矬子说矮话，只会自取其辱。如果我们老是把眼光盯在别人的弱点上，在人际交往中总是将别人的弱点当成攻击对象，那么只会出现两种情况：一是别人不愿意再与你交往，如此一来，你的朋友就会越来越少，别人都躲着你，避开你，不与你计较，直到剩下你孤家寡人一个；二

是别人也对你进行反攻，揭露你的短处。这样势必造成互相揭短，互相嘲笑的局面，进而发展到互相仇视，如此一来，你的人际关系网势必会破裂，别人对你的评价绝好不到哪去。

　　古今中外，但凡有修养的男人，从不以揭人短为乐。据《封氏闻见记》中记载：曾在唐朝做过检校刑部郎中的程皓，向来不谈论他人之短。即便友人谈及之时，他也从不参与其中，而且还为受嘲者辩解："这都是以讹传讹，事实并非如此，不足为信。"继而，再列举该人的一些优点。试想，做人若能如程皓这般，又怎会不赢得他人好感、又怎会不知交满天下呢？

Chapter 9
事 业

职商决定成长，
心智的成熟是职场成功的关键

事业是男人生存的基础。一个男人可以位不高权不重，可以不是亿万富翁，但是却不能没有自己的事业。事业，是男人价值的真正体现。男人有事业，才会有自信和魅力。

带着高尚心理，从事平凡工作

无论你正在从事什么样的工作，要想获得成功，就不要轻视自己的工作。工作本身没有高低贵贱之分。一个人所做的工作，是他人生态度的表现。一生的事业，就是他志向的体现，理想之所在。没有卑微的工作，只有卑微的工作态度。而工作的态度完全取决于我们自己。我们做的每一件事，都代表了我们的能力和形象，其成败美丑，都会影响人们对你的看法。对一个成功的人来说，工作就是使命。工作没有高低贵贱之分，在你看来最卑微的工作，也是为你服务的。它之所以存在，是因为人们需要它。

世界上没有任何工作是卑微到不值得好好去做的。演艺圈里流传的一句话"没有小角色，只有小演员"，就很好地说明了这个道理。

他自小父母离异，和妹妹一起被寄养在外婆家。为了生活他帮着外婆摆地摊卖指甲钳，但贪玩是小男孩的天性，他经常找借口溜到其他地方玩，让外婆和妹妹看地摊。

有一天，他溜进戏院看当时极受欢迎的功夫片，那天上演的是李晓龙主演的电影。小小的他在漆黑的戏园中被荧屏上的功夫英雄震撼了，那时她就下定决心要做一个功夫小子，他要当李小龙第二。

当时才九岁的他很想找一位叫他练功的师傅，但家里付不起学费，他只好自己偷偷练习。他试着学各门各派的功夫，但这样的练习成效并不大，他没能成为真正的功夫高手。有一天，他突然想当演员，因为在戏里它可以实现自己当功夫高手的梦想。于是他开始寻找机会。

>>> **Chapter 9　事业**
职商决定成长，心智的成熟是职场成功的关键

通过自己的努力，他终于在《射雕英雄传》里充当了一回群众演员，但他的态度却异常认真。多年后他回忆说："那时我最大的梦想是梅超风不是一招而是两招打死我，这样我就多一个镜头，结果导演不同意，导演说一招也是死两招也是死，就让我一出场就死。"虽然他的建议没被导演采纳，但他后来就这样一路开心地提议，开心地被人否定。"跑龙套"跑了七八年后，他终于被一名导演发现了，凭借《霹雳先锋》一炮走红。

成为大红大紫的明星后，他并没有忘记儿时的梦想，43岁那年，他终于在自己的电影里出演了一个真正的功夫高手。在这部电影里，他决心拍一场特殊的戏，脱掉衬衣，模仿李小龙的形象，露出后背结实的肌肉，以此来表达对李小龙的敬意。

他就是周星驰，他在43岁时终于实现了他儿时的梦想。

当记者问他怎样看待自己饰演的小角色的经历时，他说："没有人生下来就是大明星，但即使是扮演在普通的小角色，你也要用心把他演得出色。"

是的，很多时候我们都只是生活中的一个小角色，但是小角色也应该用梦想，梦想是向上的车轮，梦想从来不卑微，决定你的不是现在的位置，而是你努力的方向。

工作卑微不代表就低人一等，你通过自己的努力奋斗同样可以获得让人羡慕的成绩。从卑微的小事做起，干别人不愿意干的事情。这不是说明你的卑微，而是证明了你的伟大。建国时期的时传祥老人也是掏大粪的，但他却受到了周恩来同志的亲切接见，那幅握手的画面至今还让我们记忆犹新。

好岗位、好工作人人趋之若鹜，卑微琐碎的工作人人避之唯恐不及。如果你现在从事的是一种公认的卑微工作，短时间里也没有改变它的能力，那么，正确的办法应该是改变自己的心态，抱着一种化腐朽为神奇，化卑微为高尚的心态去做，会比抱着卑微的心态去做要强无数倍。因为，于人于己，前一种心态都会得出一种好的结果，会引起别人的尊重，后者则不能。

查理是一家环保公司的清洁工，从进公司的第一天起，他就开始喋喋

不休地抱怨,不是"清洁这活太脏了,瞧瞧我身上弄的。"就是"真累呀,我简直要讨厌死这份工作了。""凭我的本事,做清洁工这活太丢人了!"每天,查理都是在抱怨和不满的心情中度过。他认为自己在受煎熬,在像奴隶一样出苦力。因此,查理每时每刻都窥视着领班的眼神和举动,稍有空隙,他便偷懒耍滑,应付手中的工作。几年过去了,当时与查理一同进公司的三个工友,各自凭着自己的辛勤努力,都有了比较可观的收入。独有查理,仍旧在抱怨声中,做他蔑视的清洁工。

由此可见,无论你正在从事什么样的工作,要想获得成功,就不要轻视自己的工作。如果你也像查理那样,认为自己的劳动是卑贱的,鄙视、厌恶自己的工作,对它投注"冷淡"的目光,那么,即使你正从事最不平凡的工作,你也不会有所成就。

工作本身并没有贵贱之分,但是对于工作的态度却有高低之别。一个人所做的工作,是他人生态度的表现。一生的事业,就是他志向的表示,理想的所在。所以,端正你的工作态度,在某种程度上就是了解了你这个人。

你越主动,就越受器重

一个老板不在就偷懒的人,一辈子只能是一个小员工,而一个老板不在身边却更加卖力工作的人,即使从事着最平凡的工作,最后也必能攀上成功的顶峰,一个人能否尽责、自动自发地去工作,往往决定了他的前途如何。

生活中,我们经常会发现,那些被认为一夜成名的人,其实在功成名就之前,早已默默无闻地努力了很长一段时间。成功其实是一种努力的累

Chapter 9 事业
职商决定成长，心智的成熟是职场成功的关键

积，不论从事何种行业，想攀上顶峰，通常都需要漫长时间的努力和精心的规划。

如果想登上成功之梯的最高阶，你得永远保持自动自发、认真负责的精神，纵使面对缺乏挑战或毫无乐趣的工作，终能最后获得回报。当你养成这种自动自发地习惯时，你就有可能成为老板和领导者。那些位高权重的人是因为他们以行动证明了自己勇于承担责任，值得信赖。

美国著名作家阿尔伯特·哈伯德在十几岁时在大学期间做过许多工作。他修理过自行车（后来被解雇了），挨家挨户卖过词典，还做过数学家庭教师、书店收银员、出纳和夏令营童子军顾问，为了读完大学，他还替别人打扫院子、整理房间和船舱。

这些工作大部分都很简单，哈伯德一度认为它们都是下贱而廉价的工作。后来，哈伯德知道自己错了。这些工作潜移默化地给予他珍贵的教诲和经验，无论在什么样的工作环境中，也不管哪种工作档次，他都学会了不少东西。

拿在商店的工作来说吧，哈伯德自认为自己是一个好雇员，做了自己应该做的事——记录顾客的购物款。然而有一天，当他正在和一个同事闲聊时，经理走了进来，他环顾四周，然后示意哈伯德跟着他。他一句话也没有说就开始动手整理那些订出去的商品；然后他走到食品区，开始清理柜台，将购物车清空。

哈伯德惊讶地看着这一切，仿佛过了很久才醒悟过来。他希望哈伯德和他一起做这些事！哈伯德之所以惊诧万分，不是因为这是一项新任务，而是它意味着我要一直这样做下去。可是，从前没有人告诉哈伯德要做这些事，其实现在也没有说过。

此事使哈伯德受益匪浅。它不仅使他成为一名更优秀的雇员，还让哈伯德从每一项工作中学到了更多的教益。

这个教益就是一个人要对自己的工作负责，在事业上要更上一层楼，

不仅仅做别人安排做的事情。

一旦获得了这个教益，以前哈伯德认为低俗的工作开始变得有意思起来。他越是专注自己的工作，学到的东西和克服的困难也就越多。后来哈伯德离开那家商店去上大学，但是这种经验对他的人生和事业的影响是深远的。他从一个旁观者变成一个认真负责的人。

每一位雇员在每一项工作中都要倾听和相信这一点，你可以使自己的生活好转起来。就从今天开始，就从现在的工作开始，而不必等到遥远的未来的某一天你找到理想的工作再去行动。

所谓的主动，指的是随时准备把握机会，展现超乎他人要求的工作表现，以及拥有"为了完成任务，必要时不惜打破成规"的智慧和判断力。一个优秀的管理者应该努力培养员工的主动性，培养员工的自尊心。自尊心的高低往往影响工作时的表现。那些工作自尊低的员工，墨守成规、避免犯错，凡事只求忠诚公司规则，老板没让做的事，决不会插手；而工作自尊高的员工，则勇于负责，有独立思考能力，必要时会发挥创意，以完成任务。

自动自发地去工作，主动要求承担更多的责任，那么你就永远也不必担心失掉工作，如果你能表现出胜任某种工作的素质，那么报酬和晋升也就会随之而来了。

聪明工作，不做低水平的努力

很多人心里都会有这样一个问题：勤奋努力、踏踏实实地工作，但换来的却是得不到奖励、重用、晋升或其他相应的回报。这是为什么呢？

Chapter 9　事业
职商决定成长，心智的成熟是职场成功的关键

有一个网上求助者就曾提到：他的性格老实、本分，一直以来都踏踏实实工作，但他却从没有得到过老总的好评。在一次全体员工大会上，他甚至受到了老总的批评。而有的同事平时只会讨好项目经理，也不好好工作，却常受到老总的表扬。他既看不惯项目经理，又不想辞去这份工作，怎么办？

这是很多人都面对过的问题，也是很多人因而抱怨甚至下岗失业的原因。于是有人发出了感叹：努力工作有错吗？

努力工作并没有错，但在努力的基础上，还需要聪明地工作。这个"聪明"并不是要什么小伎俩，而是一种工作的方法。与小伎俩不同，聪明的工作以努力工作为前提，以利己利人、个人与公司共同发展为目标。

当今社会更需要的是真正懂得聪明地工作的人，用四像分析法，以努力为横轴、聪明为纵轴，可以把员工分为三类。

最受老板们欢迎的当然是既聪明又努力的；只有聪明而不努力的，只能在原地踏步；而大部分只知道努力而不够聪明的，也只能平平发展。

再来看网上求助者的案例。踏踏实实工作不代表一定要得到表扬，得到表扬的不一定都是工作出色的。如果上级因某件事情批评你，而你又觉得自己没有错，完全可以找个时间与老总详谈，告诉他事实是怎么样的。如果事实上确实做得好，老总会对你有重新认识；如果做得不好，挨批是正常的。

在职场中，不能只低头做事，还得适当地让别人看见。如果你做出了成绩，项目经理是掩盖不了的，而如果你做不出成绩，项目经理怎么说或老总怎么看你都有正当的理由。因为公司要创造效益，对员工的考核标准就是成绩和结果，没有成绩，就没有说话的资本。

所有的员工都必须明白一个道理，就是老板都很聪明，他们能创立一家公司并聘用你，就证明他们有能力看清你所看不清的东西。你的工作成绩或工作能力得不到老板的认可，只能说明你还没弄清老板的用人标准和

所在职场的规则。

至于公司里有其他人耍小伎俩，其实和你没有关系。因为公司作为营利性的企业，是不可能养闲人的。只有当你做好自己的事情，在努力工作的基础上，懂得聪明地工作，才能使工作中所创造的价值得到主流社会的认可。

衡量一个员工是否优秀的标准，就是看其工作的方式和结果。结果的重要性不用多说，而方式也同样应受到重视，这就对聪明地工作提出了要求：不仅要正确，而且要尽可能地简单。

聪明的员工都是努力的，因为他非常清楚工作的目的是什么，自己的角色是什么，并在工作的过程中不断与团队、与公司文化相融合，最终建立起个人职业品牌，使自己赢得业内的知名度、美誉度及忠诚度，等等。

做有声员工，不做职场哑巴

很多人平时看起来活泼外向，可是在工作中面对上司就会变得羞涩内向。上下级这种关系让他们觉得不自在，他们只管老实干活，尽量避免同上司的接触。电梯里碰到上司，他会紧张的手心出汗，不知道怎么和上司说话；工作之余远远看见上司，就掉头转向，不想和上司接触。这些行为导致的一个直接后果就是：上司甚至不知道你是他的员工，即使你工作再出色，上司也不会对你产生多深刻的印象。在众多的下属中，想要上司注意你，就得让上司在众多下属中注意到你。

1. 上班时，不要把自己藏在计算机后面

一家职业管理公司的创始人兼首席执行官迈克尔·凯维说："其实你

>>> Chapter 9 事业
职商决定成长，心智的成熟是职场成功的关键

应该设法增加或者保持公开露面的机会。"

如果你拥有一个能让你的才干为他人所注意的工作，那么你可能不必采取直接的措施增加你在组织中的曝光度。但多数人的工作是处理一些曝光率很低的事务，或者只是共同活动中的一分子，很难把你个人的特定贡献从中分离出来。

在这样的情况下，你应当尽量提高自己的曝光度，让别人了解你。

在例会中多发言，参加特别工作组，以及主动要求承担同事不愿干的困难计划，都能保证自己的曝光率。发言时想想点子，把你目前的工作和公司发展大计结合起来，在宣传公司的同时不忘记巧妙地把自己的工作做介绍。

当你做出某些成绩或经过努力而提前完成任务时，别忘了宣传自己。就算没什么可吹嘘的，你总可以找出一些你没犯过的错吧？找出你为了避免犯错而采用的方法，比如冷静或有条理等，巧妙地向你身边的人说说。

多参加多人协作的项目，当人们的视野之中总有你的影子时，你的工作才更有价值。当别人都不愿意碰的"硬骨头"出现时，自动请缨，崭露头角的很可能就是你。

可以主动去承担更多工作，遇到难题，请上司提意见，但仍由你自己去决定执行的方法，让人看到你独立胜任的一面。

2. 八小时以外也不能躲起来

有些上司喜欢与下属打成一片，希望上下一心，工作更加畅顺。所以，要主动地搞好工余活动，如做东请大伙儿吃午饭、游泳或野餐等。

参加这些聚会，许多人会显得十分不自然。例如，上司坐着的一张桌子，你便不敢坐下，宁可挤到另一张已坐满同事的桌子去，既怕要"应酬"，更怕因紧张在上司面前"失仪"。

既然是工余活动，所有在办公室里的等级和习惯，都应该暂时摒弃，投入群体活动，好好享受现场的各种消遣活动。

卸下了工作的包袱，人们自然会变得轻松，各种本能也表露无遗。你只需将自己与上司、同事等同对待，凡事就会变得自然了。

大单位常在节日搞舞会、郊游等活动，有些不善应酬的人士总是挂免战牌，这样做对工作绝无益处。许多上司特别重视集体活动，因为在比较轻松的场合，他可以跟雇员多接触，了解他们。而这对于下属，也是一个绝好的机会。在悠闲之中，互相沟通较容易，更可以在不知不觉间与上司熟悉起来。

不要做职场上的哑巴，要让上司听见你的声音，只有这样上司才会在不知不觉中关注你，关注你的工作和能力，并相应的给你更多的机会。

向上营销，让老板高看一眼

"向上营销"并不是一个新概念，它是一种思维，需要我们将自己想象成老板，也就是你的老板。这个时候，你将不再是打工仔，你要想老板之所想，思老板之所思，急老板之所急。在心态上，你要比老板还老板，做到这些，你离出人头地的日子就不远了。纵然不能马上被提拔，至少也会有所收获。

朋友 James 最近被提升为行政总监，几个平时走得近的朋友在酒店摆了一桌，为他庆祝。推杯把盏之间，有位哥们问起了他的升官经，James 也不避讳，坦诚相告：把自己想成你的老板。

他是怎样做的呢？据他说：

当老板思考如何与竞争角逐的时候，他就会把那家企业尽量了解个透彻，并在合适的时机适当地向老板提出一些自己对竞争对手的看法，而且说得有理有据，思路和结论样样精辟；

当老板思考员工培训的问题时，他又去向一些认识的培训师取经，然后从各个角度为老板提供合理化建议；

当老板考虑如何降低成本时，他就开始研究公司的运作流程，迅速拿出一套可行性的、可提升效率、降低成本的策划方案；

总之，他总是能够与老板亦步亦趋，用坊间的话来说，就跟老板肚子里的蛔虫一样。久而久之，老板对他是越发侧目、越发赞赏、越发器重了。

老板都喜欢能够为自己分忧的人，你具备老板一样的心态，做了很多老板的行为，那么自然而然会成为管理者，因为这些都是管理者必备的素质，而你通过自己的行为已经让老板认识到：你能够在那个岗位上做得很好。

我们常看到有些人，将频繁跳槽当作本事，将偷奸耍滑视为能耐，老板在时一个样，老板不在又是一个样。敷衍了事，文过饰非，缺乏起码的责任心和敬业精神。这样的人是不会有大出息的。因为他们不具备老板的心态。

老板心态就是要这样：我在这个企业工作，这个企业就是我的，我就是这里的老板。当然，这不是说我们要去哪个企业上班之前，先买它几千股的股份，成为名副其实的老板，而是形成一种主人翁意识，把工作当成事业来做。

一位报社总编在给新员工做培训时，每次都要说这么一段话："记者的 24 小时都是报社的。"他的意思是说，从成为记者的那一刻起，你身边发生的任何事情都可能是报社的新闻素材，你必须随时举起手中的相机，为报社录音、采写相关的内容。这是一种基本的职业素养，也是职业有所突破的必备素质。

谭丁是沃尔玛（中国）投资有限公司的总商品经理。在 1995 年沃尔玛（中国）投资有限公司开始筹备的时候，她就加入了这个世界零售业巨头的团队。当时，谭丁做的是采购工作，刚从上海交大毕业的她对此一窍不通，工作之中困难不断。但是，她始终给自己一个积极的暗示，她甚至就把自己想象成山姆·沃尔顿，而且认定自己的工作就是随时为公司争取到最大的利益。

正因为有了这种老板心态，她边学边做，不遗余力，经验日渐丰富，逐渐掌握了谈判的要诀和技巧，终于打开了采购工作的局面，受到了上司的赏识。就这样，她从一个普通采购员被提升为助理采购经理，然后是采购经理，一路青云直上，直到现在的总商品经理。现在，她又被列入沃尔玛的 TMAP 计划培训，这个培训计划的目标就是培养企业接班人，可能是上一级主管，也可能是更高的管理者。同事们都认为谭丁前途无限。

能把自己想象成老板，具备老板一样的心态，你就能够成为老板信赖的人、乐于接受的人，进而被他认定是可托大事的人。道理很简单，换位思考一下你就会明白：如果你是老板，你是不是也希望员工能够和自己一样，设身处地地为公司考虑，想公司之所想，急公司之所急，积极主动地将公司的事情当作自己的事业来做？

大部分卓越职业经理人都是这样做起来的，他们总是在老板面前率先思考，使老板轻松化甚至干脆残疾化，逐渐对其产生依赖。什么时候老板非他不可了，他的向上营销策略也就彻底成功了。不过我们还看到一些人，他们做起事来也能尽职尽责，但仅限于本职工作，不善于多走一步，不知道为老板考虑，这类人工作的态度无可厚非，但情商着实有些拙计。

从这个角度上说，所有的"怀才不遇"其实都源于自我意识的懈怠，所以在愤愤不平之前请先问问自己：这些年我取得了什么实质性的成绩？对公司做出了什么贡献？公司的未来将朝着哪个方向发展，我能在这里面起到什么作用？然后把自己想象成老板，站在他的高度上去处理工作，你的热忱与付出一定会得到相应的回报。

>>> **Chapter 9　事业**
职商决定成长，心智的成熟是职场成功的关键

有担当，给人可担大任的感觉

在职场上，有两种人绝对不会成功：一种是除非别人要他做，否则绝不会主动负责的人；另一种则是别人即使让他做，他也做不好的人。而那些不需要别人吩咐就能主动做事且韧性十足的人，除非遭遇了什么不可抗因素，否则他们一定会比绝大多数人更卓越。

主动、负责是一种非常强大的力量：它可以使人赢得尊重和信任，从而强化人际关系；它可以使人赢得机会的青睐，从而扭转向下的人生轨迹；更重要的是，它可以改变平庸的生活状态，使一个人变得杰出优秀。

安德烈·卡耐基是美国宾夕法尼亚州一座停车场的电信技工。当时他的技术已经相当好了，但他并没有引起上层决策者的注意，因而也没有被提升的机会。

一天早上，停车场的线路因为偶发的事故，陷于混乱。此时，他的上司还没上班，该怎么办？

他私自下了一道命令，在文件上签了上司的名字。

当上司来到办公室时，线路已经整理得同从来没有发生过事故一般。这个见机行事的青年，因为露了漂亮的这一手，大受上司的称赞。

公司总裁听了报告，立即调他到总公司，升他数级，并委以重任。从此以后，他就扶摇直上，谁也挡不住了。

卡耐基事后回忆说："初进公司的青年职员，能够跟决策阶层的大人物有私人的接触，成功的战争就算是打胜了一半。当你做出分外的事，而

且战果辉煌，不被破格提拔，那才是怪事！"

　　有的人没有得到提拔，并不是因为没有本领或者得不到机会的眷恋，而是因为在关键时刻不敢去露一手。他们没有胆量，自信心不足，或者认为是分外之事而不去插手，结果是坐失良机，白白浪费了自己的才华和表现自己的机会。人生，只有磨砺过才有光泽，只有承担过才显厚重。正是有了担当，人生的意义更显非凡。敢担当、会担当的人，会把分内事做到使人满意，把分外事做到让人惊喜，他们因而会被赋予更多的使命，也才有资格获得更大的荣誉。而一个缺乏主动性、没有责任感的人，首先失去的是职场对自己的基本认可，其次失去了别人对自己的信任与尊重，甚至也失去了自身的立命之本——信誉和尊严，这样的人，能力再强也无用武之地。

　　进入21世纪，职场对我们提出了更高要求，它要求每一个想要有所进步的人，必须具备良好的道德、忠诚度、专业技能等等……即，必须在综合素质方面表现突出。倘若你无法做到，很遗憾，你的职业发展必然会遭遇桎梏，你永远也不会得到成功。反之，如果你能够承担起自己的职责，在工作中积极进取，恪守职业道德，你就会成为一名不可替代的人才，你的价值、薪金、职位、团队影响力等等，都会随之得到大幅提升。如此一来，你必然能够更快捷地实现自己的人生目标。

巧妙推销，抬高自己的身价

　　毋庸置疑，没有人不想出人头地，没有人愿意"窝窝囊囊"地过一辈子。在这个充斥着竞争硝烟的社会上，为了成功，有心计的人多会看准时

Chapter 9 事业
职商决定成长，心智的成熟是职场成功的关键

机，巧妙地推销自己，抬高自己的身价。

某人刚从学校毕业，急于找一份工作。他备好履历表、学校成绩单以及教授的推荐函，主动到一家杂志社人事部应聘。

"请问，贵社需要一名优秀编辑吗？"大学生问人事经理。

"对不起，不需要。"

"那么一名好的采访记者呢？"

"也不需要。"

"一名认真的校对呢？"

"不需要。我实话告诉你吧，社里目前不景气，各部门都已额满，没有任何空缺。"

"经理，那么你们一定需要这个东西。"说完，大学生从背包中拿出一个设计精美的招牌，上面写着：全部额满，暂不雇用。

结果，这个极富创意的大学生被公司高薪礼聘，担任杂志社的宣传工作。

法国著名职业选择研究家巴乐肯，在《形体、性格与职业选择》一书中说道："不论是一位医生、律师、舞蹈教师，还是银行职员，你的一生成败大部分依赖于你是否具备推销自己潜能的能力。有些人天生懂得怎样有效地推销自己，并给人们一种良好的印象，这完全是因为他们使用了一点额外的智力，我们姑且称之为'推销潜能意识'。"像上文中的大学生，他就是一个推销自己的"天才"，他的这种思维转换，简直令人叫绝，所以他成功了。

还有这样一个故事：

每当夏季销售旺季，某某市场都需要增添人手，并且待遇从优。一个男孩子要求来干，经理看他瘦小的样子，只答应让他试干一天。一天未到，经理便拍板留用了他。因为他干完本职工作以后，还做了些分外的工作，而这些工作恰恰表现出了他的潜能。他对一位来买东西的阔太太说：

"太太,我想应当替您把牛油和肥皂分别包装才好。"那位太太听了这话十分高兴。随后,他又拖着大批货物送到那位太太的汽车上,问道:"把这些东西放到哪里合适?"他扶那位太太上了汽车之后,又说了一句:"谢谢您。"经理看到了这个场面,从而认定这位小伙子是把好手。

在传统的观念里,人们只知道知识的培养,却不懂得自我表现。在当今这个社会,人缘不会主动跑到你面前,如果你不懂得自我推销,那你将错过许多唾手可得的人缘,这是多么可惜的事情啊!自我推销并不是必须具备充足的能力,只要认为自己有这方面的潜力,就完全可以把自己推销出去。因为一个人的能力不是天生的,要不断地在实践中摸索、锻炼,能力才能得以很好地提高与发挥。如果不给自己一个锻炼的机会,即使有能力,也不会有施展的舞台,只能被埋没。

自我推销也是需要技巧的,正像推销产品一样。法国歌唱家亚尔乔在电影《精歌悲泪》中唱的一首歌使他走红,而嗓子绝不比亚尔乔差的一位年轻歌唱家,在一家咖啡馆里也演唱这首歌,他的身子斜依钢琴,两手把在胸前,用极优美的声音低唱那首歌,十分优美动人,但是经理每周只给他75美元,而亚尔乔每周却嫌3500元。不解之余,人们终于发现了他俩唱歌的不同:亚尔乔走到台边,一只腿跪下,两手张开,眼睛睁大,嘴也张着,向你悲歌,向你哀求,深深地打动听众的心弦。

人人都有潜能,但并非人人都能表现出潜能。下面就给你介绍一些推销自己潜能的原则:

首先,应该在适当的场合下,恰当地表现自己的潜能。比如你有绘画的潜能,而你所从事的却是销售工作,那么你就可以在搞销售的同时充分表现出这种潜能,绘制漂亮的标签和宣传广告,这样你就比其他销售人员多了一种优势。

其次,应该善于迁移自己的潜能。把自己的潜能与其他活动结合起来,创造出一种新的能力,这种能力就是别人所不具备的了。

>>> Chapter 9 事业
职商决定成长，心智的成熟是职场成功的关键

最后，推销自己潜能的目的在于让对方接受自己，所以推销潜能还要顾及对方，不可一味卖弄，弄巧成拙。

一个人即使有天大的本事，如果不为人知，不被人发现，就像地下尚未开采的煤，深深地埋在地下，永远也不会有出头之日，要想得到其他人的承认，不仅要主动推销自己，还要善于推销自己。

找到"卖点"，树立竞争优势

一种商品能够在市场上不可代替，是因为这种商品有它独特的卖点。在市场经济日益发达的今天，从某种意义上讲人也是一种商品。作为一种特殊的商品，人正在由各类学校和公司批量生产。这使得人与人之间的竞争更加激烈，能够胜出而不可代替的人都必须拥有自己的卖点，行销学上称为"独特的销售卖点"。学历不是卖点，你有别人也有；基本技能不是卖点，外语、电脑人人都在学；经验也不是卖点，21世纪变化实在太快了，你所谓的经验很快会被创新的方法所代替。商品是靠卖点来争夺全球、扩张市场的，人也一样，那些缺少卖点的人只能当替补队员了。

在职场中，你是你自己的品牌经理。你得为自己找个独特的卖点。学历、技能、经验，虽然听起来都不错，可这些显然还不够独特。上司们会认为这是每个求职者必备的敲门砖，没什么大不了。再者，职场中的绝大多数人都把这"老三样"当作"卖点"在卖，你又有十足的把握竞争得过他们吗？

其实，职场中可以成为卖点的东西有很多。只是大多数人不知道这些

也可以卖，而且还能卖高价。比如：学习能力、创新能力、组织上司、人际合作、沟通表达、效率管理……一个人总得有几手绝活，在学历、技能、经验都不相上下的时候，这些就成了你能胜出的独特卖点。

花点时间，好好找找你的卖点在哪里。如果你没有，请你赶快拿出读文凭、考证书的热情，帮自己获得竞争优势。

今天在职场中推销自己比以往更困难了，原因很简单：不是因为环境变了，而是自己改变了。我们应该找准自己的卖点，这样，你才有竞争优势。

竞争激烈的确是个事实，可很多公司因为找不到合适的人选而不得不让职位空置的事实在提醒今天的求职者：不是没有机会，而是你必须告诉自己，你究竟卖的是什么？

原一平在日本被誉为"推销之神"。你要是以为他是一位天生招人喜欢的俊美男子，那可就错了。由于天生的缺陷，原一平并没有体面的外表，他之前经常为自己矮小的身材懊恼不已，哀叹老天爷对他真不公平。他的上司高木金次告诉他：身材矮小并没什么，关键要能以表情、语言取胜。

原一平受上司的启发，开始对着镜子苦练各种表情，尤其是练习笑。他每天抽出一定的时间，细细研究，不断加以完善。有一次，他在路上练习大笑，曾被路人误以为是个神经病。他有时半夜会从梦中"笑"醒，朋友开玩笑地说他已经走火入魔了。有一天，原一平对着镜子，发现自己竟然创纪录地发出了近40种不同的笑。最后，原一平发现，婴儿的笑容是世界上最迷人的笑容，让人放松、信任。因此，他开始向婴儿学习怎么笑，直至炉火纯青的地步。原一平的笑容，被人誉为"价值百万美元的笑容"。

这种"价值百万美元的笑容"，正是原一平无可替代的专长。凭借这"价值百万美元的笑容"和自己的不懈努力，原一平终于获得了巨大的成功。

每个人都有自己的长处，试着发现自己的优势所在，不断的练习和提高，你的长处就有可能成为你无可替代的专长。你需要的是一些时间和耐心，而这项专长给你带来的将是无穷的价值，那就是让你成为企业不可替代的员工，上司也就越来越离不开你。

乐于应酬，同事之间一团和气

社交中的应酬，是一门人情练达的学问，它可以拉近距离、联系感情。同事间的应酬有很多：小张结婚、大李生子、赵姐升迁、敏敏生日……你一定要积极一点，帮人凑份子、请客、送礼，因为应酬是最能联系感情的办法，善于交际的人一定会抓住它大做文章。

一位同事生日，有人提议大家去庆贺，你也乐意前行，可是去了以后发现，这么多的人，偏偏来为他贺岁，他们为什么不在你生日的时候也来热闹一番？这就是问题所在，这说明你的应酬还不到位，你的人际关系还有欠佳的时候。要扭转这种内心的失落，你不妨积极主动一些，多找一些借口，在应酬中学会应酬。

比如你新领到一笔奖金，又适逢生日，你可以采取积极的策略，向你所在部门的同事说："今天是我的生日，想请大家吃顿晚饭，敬请光临，记住了，别带礼物。"在这种情形下，不管同事们过去和你的关系如何，这一次都会乐意去捧场的，你也一定会给他们留下一个比较好的印象。

小方上班已经快半个月了，与同事的关系却还停留在"淡如水"的阶段，看着其他同事彼此间亲亲热热，小方真是又羡慕又无奈。这天是周五，行政部的王小姐大声宣布："明天我生日，我请大家吃饭，愿意来的呢，明天下午3点，在公司门口会合！"大家听了都非常高兴，叽叽喳喳议论个不停，当然，小方依旧是被冷落的那一个。"去不去呢？人家又没邀请我。"下班后小方一直在考虑这个问题，最后一咬牙，还是决定去。第二天，他准时来到公司门口，当他把准备好的礼物送给王小姐时，她明显愣了一下，但马上就笑开了，并对小方表示了热情的欢迎。那一天他们玩得非常尽兴，小方还两次登台献艺，办公室里的尴尬气氛就这样打开了，小方也成功地融入了这个集体。

如果没有参加这次应酬，小方可能还得在办公室的"北极地带"继续徘徊，可见应酬确实是联络感情的最好办法，吃喝笑闹间，双方的距离就被拉近了。

重视应酬，一定要入乡随俗。如果你所在的公司中，升职者有宴请同事的习惯，你一定不要破例，你不请，就会落下一个"小气"的名声。如果人家都没有请过，而你却独开先例，同事们还会以为你太招摇。所以，要按约定俗成来办。这是请与不请、当请则请的问题。

重视应酬，还有一个别人邀请，你去与不去的问题。人家发出了邀请，不答应是不妥的，可是答应以后，一定要三思而后行。

对于深交的同事，有求必应，关系密切，无论何种场面，都能应酬自如。

浅交之人，去也只是应酬，礼尚往来，最好反过来再请别人，从而把关系推向深入。

能去的尽量去，不能去的就千万不能勉强。比如同事间的送旧迎新，由于工作的调动，要分离了，可以去送行；来新人了可以去欢迎。欢送老同事，数年来工作中建立了一定的情缘，去一下合情合理；欢迎新同事就大可不必去凑这个热闹，来日方长，还愁没有见面的机会吗？

重视应酬，不能不送礼，同事之间的礼尚往来，是建立感情、加深关

>>> Chapter 9　事业
职商决定成长，心智的成熟是职场成功的关键

系的物质纽带。

　　同事在某一件事上帮了你的忙，你事后觉得盛情难却，选了一份礼品登门致谢，既还了人情，又加深了感情，同事间的婚嫁喜庆，根据平日的交情，送去一份贺礼。既添了喜庆的气氛，又巩固了自己的人缘。像这种情况，送礼时要留意轻重之分，一般情况礼到了就行了，千万不要买过于贵重的礼品。

　　同事间送礼，讲究的是礼尚往来，今天你送给我，我明天再送给你，所以，不论怎样的礼品，应来者不拒，一概收下。他来送礼，你执意不收，岂不叫人没有面子？倘若你估计到送礼者别有图谋，推辞有困难，不能硬把礼品"推"出去，可将礼品暂时收下，然后找一个适当的借口，再回送相同价值的礼品。实在不能收受的礼物，除婉言拒收外，还要有诚恳的道谢。而收受那些非常礼之中的大礼，在可能影响工作大局和令你无法坚持原则的情况下，你硬要撕破脸面不收，也比你日后落个受贿嫌疑强。这叫作"君子爱礼，收之有道"。

　　应酬，是处理好同事关系的法宝之一，嫌应酬麻烦而躲避它的人，会被人说成是不懂得人情世故，处理好应酬的人必定会受到同事的欢迎。

就算你很出色，也别锋芒毕露

　　一些人到了新单位后，就不分场合地大发议论，无节制地说三道四，大有"初生牛犊不怕虎"的精神，但是这种锋芒毕露很可能会使比较主观的领导和同事觉得你傲慢、偏激而产生对你的不良印象。再说信口开河的

浅薄和浮躁也是在损害你的形象。你不如保持适当的沉默，这是谦虚友好的表示，也是一种自信和力量的体现，将你的锋芒在工作中显露，以出色的工作成绩和谦逊的作风赢得声誉。与人交往应当含而不露，即便你真比人聪明，也不必张扬着让"地球人都知道"，收敛锋芒，别让自己显得太突兀，韬光养晦，你才能适应复杂的职场环境，才能有个好人缘。

一个年轻人进入了一个新单位后，发现同事大多是四十多岁的中年人，办事经验虽然比他多，但头脑没他灵活，对电脑等一些新事物的了解比他要差很多。年轻人很高兴，认为自己大展拳脚的机会到了。于是他开始在单位里卖弄起自己的聪明来。"哎呀！电脑怎么能这么用呢！？""这个地方应该……""这事你得听我的，这方面是我的强项！""真是的，怎么连这个都还没弄好？"……办公室里只见他一个人在指手画脚、口沫横飞。一开始，同事们真的很喜欢这个年轻人，有了问题也愿意问他，但他的自以为是让同事们渐渐地与他疏远了，每个人都躲着他。在他发表一番议论后，同事投给他的不再是赞赏而是嫌恶的目光。对于这种情况，年轻人也很苦恼，不过他真不知道是哪里做错了。

这个年轻人不受欢迎的原因是什么呢？他总是表现得聪明过人，总想让自己压过别人，一副"老子天下第一"的架势。他不知道自己的这种举动其实是最拙劣的，自以为是的人总会伤害到别人的自尊心，逼得别人寸步不让，其结果只能是使自己受人排斥。

交际中，每个人都觉得自己说得对、做得对，因此如果你想受人欢迎，想达到自己的目的，就要懂得压抑自己去迎合对方，千万不要让自己表现得比别人聪明。

如果你将你的想法说成是别人的创造，让他产生一些优越感也不失为一个好办法。法国一位哲学家说："如果你想树立一个敌人，那很好办，你拼命地超越他，挤压他就行了。但是，如果你想赢得些朋友，有个好人缘，那就必须得做出点小小的牺牲，那就是让朋友超越你，走在你的前

>>> **Chapter 9　事业**
职商决定成长，心智的成熟是职场成功的关键

面。"其实这个道理很简单，每个人心中都有一种当重要人物的感觉，一旦别人帮助他实现了或让他体验了这种感觉，他当然会对这个人感激不尽。当别人超过我们，优于我们时，可以给他一种超越感。但是当我们凌驾于他们之上时，他们内心便感到愤愤不平，有的产生自卑，有的却嫉恨在心。

一位设计花样草图的推销员尤金·威尔森的服务对象是服装设计师和纺织品制造商。连续几年，他几乎每个月都去拜访纽约一位著名的服装设计师。"他从来不会拒绝我，每次接待我都很热情，"他说，"但是他也从来不买我推销的那些图纸。他总是很有礼貌地跟我谈话，还很仔细地看我带去的东西。可到了最后总是那句话：'威尔森，我看我们是做不成这笔生意的'。"

无数次的挫败后，威尔森开始认真地总结经验，得出的结论是自己太墨守成规，他太遵循老一套的推销方法，一见面就拿出自己的图纸，滔滔不绝地讲它的构思、创意，新奇在何处，该用到什么地方……听烦了的客户出于礼貌会等到他将话讲完。威尔森认识到这种方法已太落后，需要改进。于是他下定决心，每个星期都抽出一个晚上去看处世方面的书，思考做人的哲学，创造新的热忱。

没过多久，他想出了对付那位服装设计师的方法。他了解到那位服装设计师比较自负，别人设计的东西他大多看不上眼。他抓起几张尚未完成的设计草图来到设计师的办公室。"鲍勃先生，如果你愿意的话，能否帮我一个小忙"，他对服装设计师说，"这里有几张我们尚未完成的草图，能否请你告诉我，我们应该如何把它们完成，才能对你有所用处呢？"那位设计师仔细地看了看图纸，发现设计人的初衷很有创意，就说："威尔森，你把这些图纸留在这里让我看看吧。"

几天后，威尔森再次来到办公室。服装设计师对这几张图纸提出了一些建议，威尔森用笔记下来，然后回去按照他的意思很快就把草图完成

了。服装设计师对此非常满意，并且全部接受了。

你看，当你不再极力显示自己的聪明时，人家就接受你了。

当美国总统罗斯福在白宫的时候，他认为自己如能有75%的时候是对的，已经达到他希望的最高程度。

当你能确定你55%的时候是对的，你可以到华尔街去一天赚一百万元。假设你不能确定你55%的时候是对的，为什么你要告诉别人他们错了呢？

如果你想要别人讨厌你、排斥你，那就尽管表现你的聪明，但如果你希望被人喜欢、受人欢迎，那就虚心一些吧，多听听别人的意见，这样才能得到对方的肯定，有个好人缘。

一个人若是无锋芒，那就是提不起来，所以有锋芒是好事；但如果锋芒太露，那就会刺伤别人，这样的人自然也就没什么好人缘，没人缘可不是小问题，它会直接影响到你社交的成败。所以，与人交往时既不要全无锋芒，也不要锋芒毕露，最好是在二者中间找一个平衡点。

Chapter 10
超 脱

心境决定处境，
把自己活成一道独特的风景

有钱的男人不一定有品位，男人的品位在于生活中的一点一滴。有品位的男人并不在意奢华的享受，他的品位与金钱无关，他对事物有自己独特的见解，他的举手投足都能体现出一种与众不同、超凡脱俗的味道，他能使平淡的生活充满诗意，平凡的一生活得精彩。

生命的意义，不取决于财富与虚名

名，是一种荣誉、一种地位。大多数男人不仅热衷名利，而且不少男人为了一时的虚名所带来的好处，会忘我地去追求名利。结果他们得到了名利，却失去了快乐的心境。

沉溺于名会让你找不到充实感，让你备感生活的空虚与落寞。尤为可怕的是，虚名在凡人看来往往闪烁着耀眼的光芒，引诱你去追逐它。尽管虚名本身并无任何价值可言，也没有任何意义，但是总有那么一些人为了虚名而展开搏杀。真正体会到生命的意义、人生的真谛的人都不会看重虚名。

几年前，威尔逊创业当老板，年收入超过500万美元。不料，就在公司的业绩如日中天的时候，他突然决定把公司交给太太经营，自己则转到一家大企业上班，月薪骤减，对此周围的人都无法理解他："你到底在想什么？"

威尔逊透露，当时他的想法很简单：对方应允他可以拥有一间单独的办公室，旁边摆着一台音响，每天愉快地听着音乐工作，而这正是他一直最想过的日子。

威尔逊并不想做大人物，并且，他也从不认为男人就一定要当老板，有些事其实可以让给女人做。不过，他观察到大多数的男人好像都非得做个什么头头儿，觉得有个头衔才有面子。

以前，他也有过同样的想法，到后来则发现这其实是"自己给自己套

>>> Chapter 10　超脱
心境决定处境，把自己活成一道独特的风景

的枷锁"。于是，他渐渐学会"欣赏"别人的成就，而不是处处跟别人比。"我比别人快乐！"他说，也许别人比他有钱，做的官比他大，但是，却比他活得辛苦，甚至还要赔上自己的健康和家庭。

威尔逊说，他这辈子最想做的是当一名"义工"，虽然没有名片，也没有头衔，但却是一个非常快乐的人，"我希望能在50岁之前，完成这个心愿。"

有些人以工作和行动来决定自己存在的意义和价值，他们在乎实实在在的好处，例如，口袋里有多少钱、开什么车、住什么房子、担任什么职务等，此外的东西对他们显然不重要了。

曾有一个笑话将"开同学会"比喻为"比赛大会"，看看谁过得好，谁赚的钞票比谁多。"嗯！他这几年混得不错，现在已经爬到总经理的位置了！""那人更风光，有自己的别墅，老婆开的都是昂贵的名车！"一些人看到别人比自己混得好，就浑身不自在，顿时觉得自己比别人矮了一截似的。

有一位男士，早年费尽心力，终于拿到博士学位，并且在一所著名的大学里任教，在学术界享有盛名。提起自己的成就，他最得意的是："很多当年的同学都很羡慕我！"

当提及他的生活时，他的表情开始转为凝重。他承认自己几乎没有家庭生活："我一天只睡5个小时，绝大多数的时间都用来做研究。我的太太常和我争吵，唯一的女儿也跟我很疏远，我从来没有跟她们出去度过一天假，所有的时间都给了工作。"

当人们问到他非得要把自己弄得那么累吗？他重重地叹了一口气："唉！你不知道，干我们这一行，不进则退，如果不努力，后面马上就有人追上来了！"那么，你感觉快乐吗？他愣了许久，最后终于说出真话："老实说，我一点儿都不快乐，我恨死了我现在的工作！我只想好好坐下来，什么事都不做。可是，我简直不敢回头想。以前，我的愿望只是想当一名高中老师。"

  这是一个真实的例子。"名利"这个词，早已吞噬了这个男士的心灵，对他只有伤害，毫无益处。无止境地追逐成就，只会把男人弄得愈来愈累，很多男人的生活失去了平衡，他们不知道何时该停下来休息。

  如果你的心里还在为领导这次提拔了别人而没有提拔你而感到愤愤不平，如果你还在因为与你一起购买体育彩票的邻居中了大奖，而你却什么也没有得到而久久不能释怀，那么，看了上面的几个例子，你是不是觉得有所省悟？其实，名利本来就是那么一回事，只要我们全身心地投入生活，那么即使没有了名利，我们也照样会生活得有滋有味，快快乐乐。

  人生活在这个社会中，不可能事事顺心。或许一生的努力都是徒劳，或许高官厚禄、巨额钱财在顷刻之间就会变为乌有，荣耀风光成为黄粱一梦。一些人老谋深算，为了争名夺利，不择手段地算计他人，可在突然之间却已被他人所算计。人何必活得这么辛苦？因此，淡泊名利是人生幸福的重要前提。如果你渴望幸福，渴望真正地获得生命的意义，那么请记住——看淡名利。

当你赢得财富时，不要得意忘形

  金钱是生活的必需品，是衣食住行的基本保证，没有它就不能在钢筋水泥的城市中生存。作为男人，应当珍惜你的金钱。这并不是教你吝啬，而是要你把钱用在该用的地方。假如你过分地炫耀你如何如何有钱，那么，你便将你的财富置于危险的境地。

>>> **Chapter 10　超脱**
心境决定处境，把自己活成一道独特的风景

有这样一则笑话：有位一夜暴富的大款，开着名牌跑车，戴着名牌手表，脚穿名牌皮鞋。总之，凡是能炫耀的地方，全都是名牌货。一日，他驾车外出兜风时，发生了恶性交通事故。他幸免于难，当救护人员把他从车厢里救出来时，他一看被撞毁的豪华轿车，便号啕大哭："哎呀！我的奔驰呀！"这时，一名救护人员发现大款的胳膊已被撞断了，便生气地对他说："就知道哭你的车，瞧瞧你的胳膊吧！"大款看了一眼胳膊没有说什么，接着又大哭起来："哎呀！我的'劳力士'呀！"

物质上的充足代替不了精神上的空虚。除了可以炫耀的财富之外，没有风度、没有学识、没有理想、没有修养，真是"穷"得只剩下了钱。一个视金钱比生命还重要的人，与其说他拥有财富，还不如说他是财富的奴隶。

在当代，有的男人总喜欢把尊严和金钱相提并论，以为有了钱就有了尊严，炫耀财富即是高贵身份的体现。其实不然，这根本就是截然不同的两个概念，金钱买不来真正的尊重，而人的尊严也无法用金钱衡量。

对自己的财富应该珍惜，但无须过分炫耀。铺张浪费，不如勤俭节约。在台湾商界赫赫有名的"威京小沈"沈庆京，拥有数十亿的资产。这位白手起家的富豪平常不太注意吃穿，就连领带有时候也不打，朋友偶尔批评他的西装款式不新，料子不好，他总是不以为然地回答："马马虎虎啦！"不过，公司内的影印纸消耗过多，或电灯没有随手关掉，常会遭到他责骂。

一个人的尊严并非高高在上、高不可攀的，以平视的角度看待世界，不必对世态常情耿耿于怀便是一种尊严的体现。

对于人情冷暖、世态炎凉，要有超然的态度才算得上大彻大悟。但很多人都没有这种超然的态度，殊不知，趋炎附势乃世态常情。

假使你过分地炫耀你的财富，只为抬高虚荣身份，这只能说明你的庸俗。这样你只会离人们越来越远，甚至被完全孤立起来。当你把财富用在该用的地方时，人们反而会更加尊重你。

与自己下棋，赢家总是自己

有人问大师："大师，一个人最害怕什么？"

"你认为呢？"大师反问到。

"是孤独吗？"

大师摇了摇头："不是。"

"那是委屈？"

"也不是。"

"是绝望？"

"不是。"

困难、魔鬼、噩梦……这个人一连说了十几个答案，大师一直摇头。

"那大师您说是什么呢？"这个人实在不知道了。

"就是自己。"大师高深莫测。

"自己？"这个人抬起头，睁大了眼睛，好像明白了什么，又好像什么也没明白，直直地盯着大师，渴求点化。

"是的。"大师笑了笑，"其实你刚刚说的孤独、误解、绝望等等，都是你自己内心世界的影子，都是你自己给自己的感觉罢了。你对自己说：'这些真可怕，我承受不住了。'你就真的会害怕。如果你告诉自己：'没什么好怕的，多大点事儿啊！'就没什么能够难得倒你。一个人若连自己都不怕，他还会怕什么呢？所以，使你害怕的其实并不是那些想法，而是你自己。"这个人顿如醍醐灌顶。

>>> Chapter 10 超脱
心境决定处境，把自己活成一道独特的风景

人之一生，是一趟没有回程的旅行，沿途既有数不清的坎坷泥泞，也有看不完的美丽风景。是泥泞，是风景，要看心情，心晴的时候，雨也是晴的，心雨的时候，晴也是雨的。

也许当前的状况无法改变，但我们至少可以调整心情；或许我们无法改变风向，但我们至少可以调整风帆——战胜了自己的心，你才能在孤独的旅程中走的从容。

他就像是传说中的天煞孤星一般。孤独从他18岁就开始了。那一年他应征入伍，然后被分配到一个孤岛上驻守，这里只有他一个人，一把枪，一只狗，除了定期开来的补给船，他连人的味道都闻不到。就这样的日子，他居然乐呵呵地过了3年。

随后，他被调了回来，慢慢从班长、排长一路干到营长。然而一个意外又让他回到了孤独点上。他的妻子，忍受不了寂寞，丢下他和孩子去了远方。为了能够更好地照顾孩子，他转业离开了部队。

后来，他找了一份在深山老林里当护林员的工作，这也是一份非常孤独的差事，他半个月才回老家一次，看看老人，看看孩子。他经常从这座山爬到那座山也看不见一个人。

即便如此，老天还是跟他过不去。他寄居在乡下父母身边的儿子，因为贪玩溺亡了。两位老人被愧疚和丧亲之痛折磨着，不久也相继离世了。从此，他对山外似乎再也没有了牵挂，而山外的人们，又有谁会记得这样一个人呢？他在一年一年的孤独中老去。

30多年以后，一辆从北京开来的电视采访车驶进了这座深山。原来，在看林子的这30多年里，为了解闷，他看了许多植物学方面的书籍，平时在林子里巡护，他也会对照书上的图谱进行观察、研究。几个月前，他发现了一种国内外从未记载的珍稀植物，他把这种植物的照片和自己写的说明寄给了山外的战友，战友把它寄到了国外一家权威杂志，然后发表了。

然而，当记者了解到他的人生经历以后，所震撼的已不再是他的重大发现，而是在这孤独得只能对着大山空语的日子里，他是怎样让自己一直活得如此生动的。

在记者抛出这个问题以后，他想了想，说："我总是自己和自己下棋，执白棋的是我，执黑棋的也是我。这样，不管是白棋赢还是黑棋赢，最终赢的人都是我。"

听者无不沉思、点头。

无论命运带来多少灾难，无论这一生是怎样的孤独，只要坚信自己就是胜利者，只要在孤独中从容地行走，别人，甚至命运，都无法否定你。给你胜利的，是你自己的理想、信念和毅力。

把欲望克制在一个合理的尺度上

人与欲望之间，是一场没有硝烟永不会结束的战争，不是人将欲望压制，就是欲望将人奴役，当欲望泛滥之时，即使那念头堂而皇之，也禁不住它将人拉入堕落的深渊。人过于贪婪，秉性就会变得懦弱，就有可能屈服于欲望，违心去做一些不该做的事情。

坊间流传着这样是一件事，说是某晚在一家星级酒店，几个酒足饭饱打着嗝的老板侃侃而谈，其中一人对众人炫耀道："我一个电话，就能把某某长叫来！"说完，他拍着胸脯与众人打赌："我电话过去，如果他不来，明晚我请客，全套！如果他来了，你们请我。"说完，这位老板掏出了手机，一个电话打了过去。片刻之后，某某长出现在该酒店……

>>> Chapter 10　超脱
心境决定处境，把自己活成一道独特的风景

　　事情的真假无从考证，但确实有很多这样的流传。对于这种现象产生的原因，两千多年前，孔老夫子的学生曾子就已经做出了透彻分析，他说"纵君有赐，不我骄也，我岂能勿畏乎？受人施者常畏人，与人者常骄人"。的确如此，"受人施者常畏人，与人者常骄人"，这与老百姓常说的"吃人家的嘴短，拿人家的手短"是一个道理，我们平白接受了别人的好处，难免就要去迎合别人的意志，导致自己在对方面前时时处于被动地位。而施予者，往往不会白给白送，总是带着一定的目的性，因而奉劝朋友们，在无端送来的好处面前，请控制住自己的欲望，否则就会像那位匆匆赶来的某某长一样，如同受人摆布的提线木偶，没有了灵魂、没有了尊严、没有了气节，被人牵着鼻子走。

　　要避免出现这种受制于人的无奈，就需要我们把欲望克制在一个合理的尺度上，清心而寡欲，淡泊而守志，如此才能刚锋永在，清节长存。

　　在电视剧《李卫当官》中就有这样一个情节：

　　几任县令被李卫杀死后，康熙皇帝召见李卫，问他："如果让你做县令治理一个贫困县，你能治理好吗？"

　　李卫回答："能。"

　　康熙又问："给你五十万两纹银，你能保证把它全部用在百姓身上吗？"

　　李卫还是回答："能。"

　　康熙再问："你凭什么认为自己能？"

　　李卫答道："因为我根本就不想当官。"

　　李卫一句话道破了真机：无欲则刚。因为清心寡欲，没有私心，所以李卫不会中饱私囊，也不必拿银子为自己的仕途斡旋，所以他能够把银子全部用在百姓身上，所以他有这份自信，认定自己能当个好官。

　　《倩女幽魂》中也有一个类似的场景：

　　鬼想附体宁采臣身上，问他："你有什么愿望，我可以满足你。"

宁采臣回答:"我什么愿望也没有。"

鬼又问他:"你不想发财吗?"

宁采臣答:"不想。"

鬼再问:"你不想出名吗?"

宁采臣答;"不想。"

鬼仍不甘心:"那你不喜欢美色吗?"

"不喜欢"。

我们看,什么欲望都没有,鬼拿人都没办法。所以孟子说:"养心莫善于寡欲。其为人也寡欲,虽有不存焉者,寡矣;其为人也多欲,虽有存焉者,寡矣。"这是在告诫我们要收敛自己日益膨胀的欲望,不然品性将会变质,即所求越多,所失越大。对此,郑板桥也有自己独到的见解,他说:"海纳百川有容乃大,壁立千仞无欲则刚"。意思是说:大海之所以无限宽广,是因为它可以容纳众多河流,这里借指人心;千仞绝壁之所以能够巍然耸立,是因为它没有世俗的欲望,借喻人只有做到清心寡欲,才能达到"大义凛然"刚的境界。清末民族英雄林则徐在禁烟时,将其作为自己的座右铭,意在告诫自己:只有广纳人言,才能博采众长,把事情做得更好;只有杜绝私欲,才能如大山般刚正不阿,屹立于世。林则徐授命于民族危难之际,以此对来警醒自己,他所倡导的这种精神着实令人敬佩,对于我们而言有着莫大的借鉴意义。

>>> Chapter 10　超脱
心境决定处境，把自己活成一道独特的风景

真正的成功，是普济众生

　　我们很看重成功，但要把成功和财富的关系摆正：有财富可以被视为一种成功，但真正的成功绝不是相对于财富而言。

　　没有优秀做条件，成功也只是虚有其表，有些人虽然一时赚得盆丰钵满，但取财不走正路，富贵却不仁慈，这样的人谁会认可他的成功？这样的"成功"也必然不能长久。财富，对于一个人的生活确实有所帮助，在一定程度上，它确实有助于成功的发展，但如果人的素质不好，它又很容易被毁掉。所以，衡量一个人是否成功的基本条件应该是：是否是一个善良的人、丰富的人、高贵的人。一个人，只有具备了善良和高贵的品质，有同情心，有做人的尊严感，才能够真正被大家所认可。

　　我们来看看米勒德·福勒的故事。

　　同许多美国人一样，米勒德·福勒一直在为一个梦想奋斗，那就是从零开始，然后积累大量的财富和资产。到30岁时，米勒德·福勒已经挣到了上百万美元，他雄心勃勃，想成为千万富翁，而且他也有这个本事。

　　但问题也来了：他工作得很辛苦，常感到胸痛，而且他也疏远了妻子和两个孩子。他的财富在不断增加，他的婚姻和家庭却岌岌可危。

　　一天在办公室，米勒德·福勒心脏病突发，而他的妻子在这之前刚刚宣布打算离开他。他开始意识到自己对财富的追求已经耗费了所有他真正珍惜的东西。他打电话给妻子，要求见一面。当他们见面时，两个人都流下了眼泪。他们决定消除破坏生活的东西：他的生意和财富。他们卖掉了所有的东西，包括公司、房子、游艇，然后把所得捐给了教堂、学校和慈善机构。他的朋友都认为他是疯了,但米勒德·福勒却感觉现在比以往任何一个时候都更加清醒。

接下来,米勒德·福勒和妻子开始投身于一项伟大的事业:为无家可归的人们修建"人类家园"。他们的想法非常单纯:"每个在晚上困乏的人,至少应该有一个简单体面,并且能支付得起的地方用来休息。"美国前总统卡特夫妇也热情地支持他们,穿工装裤来为"人类家园"助力。

米勒德·福勒曾经的目标是拥有1000万美元的财富,而现在,他的目标是1000万人,甚至要为更多的人建设家园。到目前为之,"人类家园"已在全世界建造了六万多套房子,为超过三十万人提供了住房。

一个曾经为财富所困、几乎成为财富奴隶、差点被财富夺走妻子和健康的人,现在,他成了财富的主人。从他放弃物欲转而选择为人类幸福工作的那一刻起,他就进入了世界上最优秀的人的行列。

在当下这个社会中,拥有更多的财富,一直是大多数人的奋斗目标,而财富的多寡,也顺理成章地成了衡量一个人才干和价值的尺度。记得有段时间媒体上出现这样一则标语:"谁富裕谁光荣,谁贫穷谁无能"。标语很醒目,真切地反映了人们渴望富裕,追求富裕的迫切心情。然而它的表述却令人觉得别扭,甚至有些不入耳。难道说,富裕了就可以瞧不起那些贫困的人,那些贫困的人就应该自卑吗?

其实富者无非在某些时候或某些方面抓住了机遇,成为富人,然而为富不仁、弃贫爱富就是贫困的另一种表现,而这种表现让整个社会都厌恶。以贫富论英雄,是一种狭义的贫富观。中国著名的数学家陈景润算是穷到家了,但是谁又能鄙视陈景润呢?还有历代以来的那些清官、廉官,谁又能说他们无能值得鄙视呢?

因此说,不管是富人还是穷人,都应该摆正自己的位置,每个人都有自己的舞台,只要自己正视这点,我们都将是富有的人。这才是我们对财富所应该持有的态度。

>>> Chapter 10　超脱

心境决定处境，把自己活成一道独特的风景

保持婴儿一样清亮而坦然的眼神

在约瑟芬·哈特的小说《损害》中，一名角色悲叹说："光阴像匹骏马，在我的生命中疾驰而过，完全占了上风，我几乎连缰绳都抓不住。"其实，年龄增长并不可怕，可怕的是年龄增长而人生价值却未能实现。

我们不应该畏惧衰老，因为它是生命完整的一部分。人生每一个阶段都有其不可替代的美丽，不容错过，也不必惋惜。

西班牙伟人的画家毕加索死的时候是 91 岁。被称为"世界上最年轻的画家"。这时，或许会有人问 91 岁怎么还能称最年轻呢？这是因为在 90 岁高龄时，他拿起颜色和画笔开始画一幅新的画时，对世界上的事物好像还是第一次看到一样。

一般认为：年轻人总是在探索新鲜事物、探索解决新问题的方法，他们热衷于试验，欢迎新鲜事物，他们不安于现状，朝气蓬勃，从不满足；老年人总是怕变化，他们知道自己什么最拿手，宁愿把过去的成功之道如法炮制，也不愿冒失败的风险。

但是，毕加索 90 岁时，仍然像年轻人一样生活着，他不安于现状，寻找新的思路和用新的表现手法来运用他的艺术材料。

大多数画家在创造了一种属于自己的绘画风格后，就不再改变了，特别是当他们的作品受到人们的欣赏时更是这样。随着艺术家的年龄的增长，他们的绘画风格虽然也在变，可是变化不会很大了，而毕加索却像一位始终没有找到属于他的特殊艺术风格的画家，千方百计地寻找完美的手法来表达他那不平静的心灵。

　　他身上首先引人注意的地方就是他的眼神。美国著名女作家格屈露德·斯特安在毕加索还年轻时就曾提到他那如饥似渴的眼神，我们现在也可以从毕加索的画像中看到这个眼神。毕加索在1906年给斯特安画了一张像，他是通过自己的记忆画了她的脸的。看过这张画的人对毕加索说：这不像斯特安小姐本人。毕加索总是回答说：太遗憾了，斯特安小姐必须设法使自己长得跟这张画一样才行呢。但是30年之后，斯特安说，在她的画像中，只有毕加索给她画的那张，才把她的真正神貌画出来了。毕加索作画，不仅仅用眼睛，也用思想。

　　毕加索的画，有些色彩丰富、柔和，非常美丽，有些用黑色勾画出鲜明的轮廓，显得难看、凶狠、古怪，但是这些画启发我们的想象力，使我们对世界的看法更深刻。面对这些画，我们不禁要问，毕加索看到了什么使他画出这样的画来？我们开始观察在这些画的背后究竟隐藏着什么。

　　毕加索一生创作了成千上万种风格不同的画，有时他画事物的本来面貌，有时他似乎把所画的事物掰成一块块的，并把碎片向你脸上扔来。他要求一种权力，不仅把眼睛所能看到的东西表现出来，而且把我们的思想所感受到的也表现出来。他一生始终抱着对世界十分好奇的心情作画，就像年轻时一样。

　　既然年龄是勒不住缰绳的骏马，为什么我们不在马背上优雅地欣赏人生的风景呢？当我们从容而优雅地体会生命中宁静而淡远的美时，生命就会把关于年龄的秘密悄悄地告诉给我们，让我们在身体逐渐走向衰老时仍然保持婴儿一样清亮而坦然的眼神。

>>> **Chapter 10　超脱**
心境决定处境，把自己活成一道独特的风景

学会放弃些什么，我们会得到更多

常听到男人感叹活得太累，负担过重，但不知你想过没有，这负担都是你自己加上的：你忙着社交应酬、忙着钻营求地位、忙着求虚荣求名利……尽管人生奋斗的目的是获得了，但为了让自己的人生更顺畅，对于一些不必要的东西是必须要放弃的。

学会放弃，是放弃那种不切实际的幻想和难以实现的目标，而不是放弃为之奋斗的过程和努力；是放弃那种毫无意义的拼争和没有价值的索取，而不是丧失奋斗的动力和生命的活力；是放弃那种为金钱地位的搏杀和奢侈的生活，而不是失去对美好生活的向往和追求。

面对纷繁复杂的世界和物欲横流的社会，懂得放弃的人，是会用乐观、豁达的心态去对待没有得到的东西的人，他们每天都有快乐和愉悦的心情伴随左右；而不懂得放弃的人，只会焦头烂额地横冲乱撞，他们不仅最终未能达到目标，而且每天都陷于得失的苦恼之中。

也许放弃当时是痛苦的，甚至是无奈的选择。但是，若干年后，当我们回首那段往事时，我们会为当时正确的选择而感到自豪，感到无愧于社会、无愧于人生。也许正是当年的放弃，才得以到达了今天的光辉的顶点和成功的彼岸。

有一首老歌，歌词最后几句是这样的："原来人生必须要学会放弃，答案不可预期；原来结果最后才能看得清，来来回回何必在意。"是啊！人生在世，何惧放弃。

欧洲金雕筑巢于高山悬崖，它以尖利的喙和强壮的爪宣布自己是天空中的王者。金雕一窝只孵出两只幼雏。在食物不足的年月，小金雕就会挨饿，金雕妈妈也只能眼看着孩子饿得嗷嗷地叫。这时，两只小金雕就用力互相挤靠，结果总是相对弱小的那只被挤下山崖摔死。而这时的金雕妈妈又总是容忍这种"兽行"。

人是难以理解金雕的，但是面对自然界的残酷，金雕必须如此，否则就会全部饿死。岂止金雕，我们人类不也时时面对着痛苦的放弃吗？

那么我们如何做到勇敢放弃呢？

我们要简化自己的人生。我们要经常地有所放弃，要经常地否定自己，把自己生活中和内心里的一些东西断然放弃。

如果我们永远凭着过去生活的惯性，日常积累的经验，固守已经获得的功名利禄，想要获取所有的权利职位，什么风头利益都要去争，这样我们会疲于应付，把很多时间和精力都花在无谓的纷争与无穷的耗费上，这样不仅自己的正常发展受到限制，甚至迷失自己真正应该前行的方向。

在人生的一些关口，我们的生命中会长出一些杂草，侵蚀我们美丽而丰富的人生花园，摧毁我们幸福家园的麦地。所以我们必须要铲除这些杂草。放弃不适合自己的职业，放弃不适合自己的职位，放弃暴露你弱点与缺陷的环境和工作，放弃实权虚名，放弃人事的纷争，放弃变了味的友谊，放弃失败的爱情，放弃破裂的婚姻，放弃没有意义的交际应酬，放弃坏的情绪，放弃偏见恶习，放弃不必要的忙碌与压力。

铲除我们人生土地和花园里的这些杂草害虫，我们才有机会同真正有益于自己的人和事亲近，才会获得适合自己的东西。我们才能在人生的土地上播下良种，致力于有价值的耕种，最终收获丰硕的果实，在人生的花园里采摘到艳丽的花朵。

放弃得当，是对羁绊自己的藩篱的一次突围，是对消耗你的精力的人事的有力回击，是对浪费生命的敌人的扫射，是你在更大范围中发展生存

>>> Chapter 10　超脱
心境决定处境，把自己活成一道独特的风景

的前提。

　　放弃得当，是对自己沉重的背包的一次清理，丢掉那些不值得你带走的包袱，拿掉拖累你的行李物件，你才可以简洁轻松地走自己的路，人生的旅行才会更加愉快，你才可以登得高、行得远，看到更美、更多的人生风景。

　　放弃那些不适合自己去充当的社会角色，放弃束缚你的世故人情，放弃伪装你的功名利禄，放弃徒有虚名的奉承夸奖，放弃各种蒙住你眼睛的遮羞布，你才能够腾出手来，用足够的精力和智慧来赢取你真正应该有的东西，充分地努力做好自己应该做的事，自由自在地发掘自己的潜力，明确地直奔自己应该追求的目标，坚定不移地走自己的路，充分实现自己的人生价值。

　　如果我们不及时地将损害我们的杂草和肿瘤放弃，不及时地将它们从我们的生活中铲除，从心灵中清理出去，它们就会妨碍我们本应快乐拥有的一切，绊住我们努力前进的脚，蒙住我们判断是非的眼睛，影响我们的生存环境，占据我们宝贵的人生空间，榨干我们生命土地里的水分和营养，打乱我们的发展次序，给人生添乱添烦。

　　生命对我们每一个人来说只有一次，我们不能让太多的、无关的人事功名来消耗我们的光阴和智慧；也不可能去成就多种事业，做到名利双收、事事如意；更不能和那些消耗我们的人和事来个持久战，让它们给我们不断地带来麻烦和损失。我们要用放弃来保护自己，成就自己，勉励自己。

　　放弃，需要背水一战的勇气和魄力，放弃是痛苦的、是残酷的、是难舍的、是悲凉的，需要心灵太多的挣扎和勇气，放弃意味着永远的丧失和缺憾，甚至有时需要我们重整旗鼓，从头来过。

　　放弃，需要智慧和远见。放弃，还意味着我们和一些我们想要的东西永远错过；放弃，有时使我们难以割舍的心疼心碎。放弃钻营权力和沽名钓誉，你将布衣终身；放弃金钱职位，你再没有了特殊和享乐的机会；放弃社交和朋友，你要承受孤独和寂寞；放弃失败的恋爱婚姻，你要独自飘零单飞。

放弃,尤其需要你调动自己的智慧和勇气,进行周密无悔的判断,下定一往无前的决心,然后破釜沉舟,果敢行事。

定位,要求我们学会争取,也要求我们学会放弃。如果你感到太苦、太累、太烦、太忙、太杂;如果你有太多的心事和苦恼;如果你失去了表现真我的机会;如果你没有得到真爱与真情;如果你的生活被众多的迷雾遮住了眼,这说明你的定位出现了偏差,说明你应放弃一些包袱和拖累。

一生之中,我们会遇到太多的诱惑,因此我们必须学会放弃,放弃那些对我们来说并非必要的东西,专注地把握自己真正的志趣和才能,这样人生才会富有内涵,回首人生时才会少一些遗憾。

不纠结于完美,坦然面对人生的缺憾

人无完人,每个人都会有一些缺陷:外貌上的、性格上的、经历上的……苛求完美的人其实是在自寻烦恼,当一个人懂得承认自己的不完美时,他也就真正地成熟起来了。

有一个男人,单身了半辈子,突然在40岁那年结了婚。新娘跟他的年纪差不多,但是她以前是个歌星,曾经结过两次婚,都离了,现在也不红了。在朋友看来,觉得他挺亏的,这不是一个好的选择,因为新娘身上的瑕疵太多了。

有一天,他跟朋友出去,一边开车,一边笑道:"我这个人,年轻的时候就盼望着能开宝马车,可是没钱,买不起;现在呀也买不起,只能买

> Chapter 10　超脱
> 心境决定处境，把自己活成一道独特的风景

辆三手儿车。"

他的确开的是辆老宝马车，朋友左右看看说："三手儿？看来很好哇！马力也足！"

"是呀！"他大笑了起来，"旧车有什么不好？就好像我太太，嫁过广州人，又嫁过上海人，还在演艺圈待过20年，大大小小的场面见多了。现在老了，收了心，没有以前的娇气、浮华气了，又做得一手好菜，又懂得做家务。说老实话，现在正是她最完美的时候，反而被我遇上了，我真是幸运呀！"

"你说得挺有道理的！"朋友陷入沉思。

他拍着方向盘，继续说："其实想想我自己，我又完美吗？我还不是千疮百孔，正因为我们都走过了这些，所以两人都变得成熟、都懂得忍让、都彼此珍惜，这种不完美，正是一种完美啊！"

正因为这位男士能够承认自己的不完美，他才不苛求爱人完美，结果两个有瑕疵的人才能走到一起，组成了一个幸福的家庭。从某种意义上看，人就是生活在对与错、善与恶、完美与缺陷的现实中，我们既然能从自己非常优秀与完美的现实中受益，为什么就不能从自己的缺陷中受益呢？

有缺陷并不是一件坏事，那些自认为自身条件已经足够好以至于无可挑剔、不必改变现状的人往往缺乏进取心，缺少超越自我、追求成功的意志；相反，承认自己的缺陷，正确认识自己的长处与不足，可以使我们处在一种清醒的状态，遇事也容易做出最理智的判断。

在人世间，人是注定要与"缺陷"相伴，而与"完美"相去甚远的。所以，不完美也是一种完美，把自己定位为一个不完美的人，是一种豁达、成熟，更是一种智慧。